人民防空工程设计百问百答丛书暨人防工程技术人员培训教材

总 顾 问　钱七虎

总 主 编　郭春信　王晋生

副总主编　陈力新

总 主 审　李刻铭

人民防空工程建筑设计
百问百答

陈力新　主　编

李洪卿　吴吉令　副主编

田川平　主　审

中国建筑工业出版社

图书在版编目（CIP）数据

人民防空工程建筑设计百问百答 / 陈力新主编；李
洪卿，吴吉令副主编 . —北京：中国建筑工业出版社，
2022.10
人民防空工程设计百问百答丛书暨人防工程技术人员
培训教材 / 郭春信，王晋生总主编
ISBN 978-7-112-27828-2

Ⅰ.①人… Ⅱ.①陈…②李…③吴… Ⅲ.①人防地
下建筑物—建筑设计—问题解答 Ⅳ.① TU927-44

中国版本图书馆 CIP 数据核字（2022）第 160444 号

本书是《人民防空工程建筑设计百问百答》分册，主要按如下 7 个方面对本专业问题进行分类：
基本概念与防护原理，出入口设计，通风口设计，主体建筑设计，防化设计，其他设计和人防工程定
额与造价等。本书主要按现行《人民防空地下室设计规范》《人民防空工程防化设计规范》《人民防空
医疗救护工程设计标准》等标准规范，结合工程实际和基础理论对设计问题进行了解答。

责任编辑：齐庆梅
文字编辑：白天宁
责任校对：孙　莹

人民防空工程设计百问百答丛书暨人防工程技术人员培训教材
总 顾 问　钱七虎
总 主 编　郭春信　王晋生
副总主编　陈力新
总 主 审　李刻铭
人民防空工程建筑设计百问百答
陈力新　主　编
李洪卿　吴吉令　副主编
田川平　主　审
＊
中国建筑工业出版社出版、发行（北京海淀三里河路 9 号）
各地新华书店、建筑书店经销
北京雅盈中佳图文设计公司制版
北京建筑工业印刷厂印刷
＊
开本：787 毫米 × 1092 毫米　1/16　印张：$10^{3}/_{4}$　字数：233 千字
2022 年 11 月第一版　2022 年 11 月第一次印刷
定价：46.00 元
ISBN 978-7-112-27828-2
　　　（39574）

《人民防空工程设计百问百答丛书暨人防工程技术人员培训教材》编审委员会

《人民防空工程建筑设计及实例》(规划编写中)
《人民防空工程结构设计及实例》(规划编写中)
《人民防空工程给水排水设计及实例》(规划编写中)
《人民防空工程电气与智能化设计及实例》(规划编写中)

参编单位：
陆军工程大学（原解放军理工大学、工程兵工程学院）
军事科学院国防工程研究院
军事科学院防化研究院
陆军防化学院
中国建筑标准设计研究院有限公司
上海市地下空间设计研究总院有限公司
青岛市人防建筑设计研究院有限公司
江苏天益人防工程咨询有限公司
上海结建规划建筑设计有限公司
中拓维设计有限责任公司
南京龙盾智能科技有限公司
山东省人民防空建筑设计院有限责任公司
黑龙江省人防设计研究院
四川省城市建筑设计研究院有限责任公司
上海民防建筑研究设计院有限公司
浙江金盾建设工程施工图审查中心
中建三局集团有限公司人防与地下空间设计院
新疆人防建筑设计院有限责任公司
南京优佳建筑设计有限公司
江苏现代建筑设计有限公司
江西省人防工程设计科研院有限公司
云南人防建筑设计院有限公司
中信建设有限责任公司
安徽省人防建筑设计研究院
南通市规划设计院有限公司
广西人防设计研究院有限公司
郑州市人防工程设计研究院
成都市人防建筑设计研究院有限公司
中防雅宸规划建筑设计有限公司
南京慧龙城市规划设计有限公司
四川科志人防设备股份有限公司

《人民防空工程建筑设计百问百答》
编审人员

主　　编：陈力新

副 主 编：李洪卿　吴吉令

编　　委：

王为忠	李　雷	程立国	俞　帆	涂　莉	张刚涛	张芝霞
张红怡	路　宁	李建光	聂　鹰	朱焕康	王　虎	王　芳
徐国鹏	郎爱芳	闫志毅	李　健	戴佐恒	徐大勇	栾勇鹏
朱　辉	张　丽	朱　波	阎星华	郭志伟	徐卓波	陈　飞
葛　新	陈卫云	周世英	刘建民	徐　方	周　忠	沈　兵
顾灵苗	潘隆帮	田　野	王明龙			

主　　审：田川平

审查委员：郦　丽　杨　伟　朱　健

序

在当前国内外复杂多变的形势下，搞好人民防空各项工作具有重要的战略和现实意义。随着我国国民经济的持续发展，人民防空各项工作与城市经济和社会一同发展，各省区市结合城市建设和地下空间开发利用，建设了一大批人民防空工程。经过几十年不懈努力，各省区市的人均战时掩蔽面积有了较大提高，各类人民防空工程布局更加合理，建设质量明显提高，城市的综合防护能力也有较大提升。

人民防空工程标准、规范为工程建设提供了依据，但从业人员在实际工作中对现行标准、规范的执行和尺度把握仍有较多疑问，这些问题长期困扰从业人员，严重影响了工程质量。整个行业急需系统梳理存在的问题，并经过广泛研究讨论，做出公开、权威性的解答。基于以上情况，2018 年底原解放军理工大学郭春信教授和王晋生教授倡议编著这套丛书。该丛书邀请了国内 30 多家人防专业设计院所的 200 多名专家组成丛书编审委员会，依托"人防问答"网，全面系统梳理一线从业人员提出的问题，组织专家讨论和解答问题，并在此基础上编著成这套丛书的六个问答分册。同时，把已解决的问题融入现有设计理论体系，配套编著各专业的设计及实例图书，方便设计人员全面系统学习。

这套丛书的特点是：问题来自一线从业人员；回答时尽量给出具体方法并举例示范；解释时能将理论与实际结合起来；配套完整设计方法与实例；使专业人员一看就懂，一看就能用。这是一套不可多得的人防工程建设指导丛书。这套丛书的出版对提高我国人民防空工程建设质量将起到积极的推动作用。

国家最高科学技术奖获得者
中国工程院院士

2021 年12月28日

前　言

　　俄乌战争爆发、台海局势紧张都表明当前国际形势复杂多变，和平发展随时可能受到战争威胁。在此形势下，搞好人防工程建设具有重要意义。高水平设计是人防工程高质量建设的保证，但由于人防工程及其行业管理体制的特殊性，从业人员在长期设计中积累了许多问题，这给实际工作带来诸多困难，严重影响了人防工程的高质量建设，行业迫切需要全面梳理存在的问题，并做出公开、权威解答。

　　由于行业需要，2018年底原解放军理工大学郭春信教授和王晋生教授倡议编著《人民防空工程设计百问百答丛书暨人防工程技术人员培训教材》。倡议一经提出，就在行业内得到广泛响应，迅速成立了由陆军工程大学（原解放军理工大学、工程兵工程学院）、军事科学院国防工程研究院、军事科学院防化研究院、陆军防化学院、中国建筑标准设计研究院和各省区市主要人防设计院的200多名专家、专业负责人或技术骨干组成的编审委员会。编审委员会以"人防问答"网为问答交流平台，在行业内广泛收集问题并组织讨论。历时四年，共收集到2400多个问题，4000多个回答。因为动员了全行业参与，所以问题覆盖面广，讨论全面深入，解决了许多疑难问题，澄清了大量模糊认识，就许多问题达成了广泛专业共识，为编写修订相关规范或标准提供了重要参考和建议。编审委员会以此为基础，编著成建筑、结构、暖通空调、给水排水、电气与智能化、防化6个百问百答分册，主要解决各专业的疑难问题。百问百答分册知识点比较分散，为方便技术人员系统学习，本套丛书还增加建筑、结构、通风空调与防化监测、给水排水、电气与智能化各专业的设计及实例图书5册，把百问百答分册解决的问题融合进去，系统阐述应该如何设计并举例示范。这样，本套丛书既有对设计疑难点的深入分析，又有对设计理论和实践的系统阐述，知识体系比较完整，适宜作培训教材使用。本套丛书共计11册，编著工作量很大，目前6本百问百答分册和《人民防空工程通风空调与防化监测设计及实例》已经完稿，此次以上7本同时出版，其他专业设计及实例图书后续出版。

　　本套丛书主要面向全国人防工程设计、施工图审查、施工、监理、维护管理和质量监督等相关技术人员，是一套实用性和理论性都很强的技术指导书，既可作为工具书，也可作为培训教材，对人防工程科研人员也有一定的参考价值。

　　本套丛书编写过程中，得到了陆军工程大学校友和"人防问答"网会员的支持，得到了参编单位的大力支持，得到了国家人防办相关领导的肯定和支持，特别是得到丛书总顾问国家最高科学技术奖获得者、八一勋章获得者、中国工程院院士钱七虎教授的指导和帮助，在此深表感谢！

本书是《人民防空工程建筑设计百问百答》分册，主要按如下 7 个方面对本专业问题进行分类：基本概念与防护原理，出入口设计，通风口设计，主体建筑设计，防化设计，其他设计和人防工程定额与造价等。本书主要按现行《人民防空地下室设计规范》《人民防空工程防化设计规范》《人民防空医疗救护工程设计标准》等标准规范，结合工程实际和基础理论对设计问题进行了解答。也指出了现行规范的部分错漏，提出了修订建议。

　　由于编者水平有限，错误和疏漏在所难免，广大读者可以登录"人防问答"网或关注"人防问答"微信公众号反馈意见、批评指正。如有新问题也可在该网或公众号上提出，我们将在再版时对本套丛书进行修订和充实。

编者

2022 年 8 月

目 录

第 1 章   基本概念与防护原理 ···001

1. 什么是核武器，有哪些杀伤破坏作用? ·····························002

2. 什么是化学武器? ···004

3. 什么是生物武器? ···004

4. 人防工程的主要类型有哪些? ·······································005

5. 什么是隔绝式防护，何时启动隔绝式防护? ·····················007

6. 什么是过滤式防护? ··007

7. 人员掩蔽工程应布置在人员居住、工作的适中位置，服务半径不宜
   大于 200m，是到用地边线还是其他部位? ····················007

8. 乙类工程是否需要考虑防核问题? ·································008

9. 人防工程建筑面积应该怎么计算? ·································008

10. 什么是防护单元掩蔽面积? ···009

11. 二等人员掩蔽所掩蔽率如何取值? ·································010

12. 防护单元建筑面积是否为防护密闭门以内的建筑面积，是否包括
    防护密闭门以外人防疏散通道、楼梯、坡道等? ·············010

13. 室外架空连廊要不要计算人防建设面积? ·······················011

14. 什么是主要出入口和次要出入口，它们的区别是什么? ········012

15. 什么是室内出入口和室外出入口，它们的区别是什么? ········013

16. 主要出入口、次要出入口和室外出入口、室内出入口的关系? ····013

17. 两个相邻防护单元的室外出入口是否可以共用? ···············014

18. 同一工程的防空地下室各防护单元可与非人防地下室区域间隔布置吗? ·····015

19. 当多层结建人防工程设计时，能将兼顾人防工程设置在核 6 级人
    防工程的下层吗? ··016

第 2 章   出入口设计 ···019

20. 人员掩蔽工程的战时出入口总宽度如何确定? ·················020

21. 相邻人员掩蔽工程共用战时出入口时，通道和楼梯宽度如何计算? ···020

22. 当地下室负一、负二层为人防工程的不同防护单元时，其出入口的
    掩蔽人数的宽度上、下两层是否需要叠加计算? ·············021

23. 洗消间非人防门的墙体，可以采用普通填充墙吗（图 2-1）? ·········021

24. 洗消间的脸盆设置在淋浴洗消之前还是之后？……………………………………021

25. 人防急救医院，其第二防毒通道和洗消间考虑担架通过吗？…………………022

26. 物资库的主要及次要出入口可以与别的防护单元合用吗？…………………023

27. 防空专业队队员掩蔽部和防空专业队装备掩蔽部是否可以合用室外
　　出入口？…………………………………………………………………………023

28. 3 个及以上同层相邻防护单元是否可以共用一个室外出入口吗？…………024

29. 当上下人防工程叠加时，下面不划分防护单元，下层需要几个室外
　　出入口？…………………………………………………………………………025

30. 位于负二层的人防工程是否可以借用负一层非防护区的主体（通行区域设防）
　　连通至室外出口（该出口设防）？……………………………………………025

31. 人防工程设在地下二层，地下一层为非人防，地面为一层商业用房，
　　战时主要出入口可以设在地面建筑物内吗？…………………………………026

32. 防空地下室室外独立式出入口能采用直通式吗？核 5 级防空地下室
　　出入口门前通道长度如何确定？………………………………………………027

33. 位于架空层或上部建筑投影范围以内或部分位于建筑物内的楼梯式
　　出入口或汽车坡道出入口，是否可以作为主要出入口？……………………028

34. 请问哪些情况下不允许汽车坡道作为主要出入口？…………………………029

35. 什么是密闭通道和防毒通道，二者有什么区别？……………………………030

36. 防毒通道没有连室外出入口是否合理？………………………………………030

37. 固定电站内的防毒通道没有设置在控制室与柴油机房之间，是否正确？……031

38. 移动电站什么情况可以与人员掩蔽工程共用防毒通道？……………………032

39. 人防工程的主要出入口结合平时汽车坡道设置，疏散宽度为 2m，
　　坡道宽度 7m，需要设置防倒塌棚架吗？……………………………………033

40. 自动扶梯（自动阶梯）梯段是否可以作为人防工程的疏散楼梯使用吗？……033

41. 移动电站受条件限制时，是否可以不设通往地面的发电机组运输出
　　入口，具体又如何设计？………………………………………………………034

42. 口部建筑是否可以采用全钢筋混凝土结构形式？……………………………035

43. 当防空地下室位于地下二层及以下层时，是否还要满足"沿通道侧
　　墙设置时，防护密闭门门扇应嵌入墙内设置"的要求？……………………035

44. 防空地下室哪些出入口需要设置洗消污水集水坑（井）？…………………036

45. 双扇人防门开启状态下对停车位有什么影响，如何解决？…………………037

46. 同一道墙两樘人防门之间夹一樘甲级防火门，这样设计是否合理？………037

47. 请问两个防护单元是否可以合用一个剪刀梯作为战时主要出入口？………038

48. 固定电站划为一个防护单元，是否需要设置两个出入口？…………………040

49. 固定电站主要出入口是否可以利用吊装口直通地面？………………………041

50. 防空专业队装备掩蔽部主要出入口是否可以选用楼梯出入口？……………041

51. 防护单元间的连通口主要作用是什么？………………………………………042

52. 单元隔墙上是否可以只设一道防护密闭门作为平时通行口? 战时
　　关闭后不堆砂袋行不行? ··043

第3章　通风口设计 ···045

53. 扩散室和活门室有什么区别? ·······································046
54. 如何选用 HK 系列的防爆波活门? ···································046
55. 扩散室宽高比校验对防空地下室安全性影响体现在什么地方? ·····047
56. 扩散室后墙上开洞安装油网滤尘器是否符合规范规定? ··········048
57. 扩散室计算是哪个专业来设计? ·····································048
58. 物资库的进风口、排风口,需要做扩散室吗? ·····················048
59. 战时排风机房是否可以与扩散室紧邻设置,排风风管直接通向扩散室? ·····049
60. 人防地下室室内进、排风活门前一定要加防堵塞铁栅吗? 什么条件下可以
　　不加防堵塞铁栅? ···050
61. 柴油电站进风口与人员掩蔽所排风口的水平距离是否需满足
　　《人民防空地下室设计规范》GB 50038—2005 第 3.4.2 条的 10m 要求? ·····052
62. 安装油网滤尘器的墙体采用砌体墙是否满足防护要求? ··········052
63. 集气室与除尘室的功能有何区别? ·································052
64. 除尘室余压需要设防护密闭门防护吗? ···························053
65. 扩散室、除尘室检修门应选用防护密闭门 [HFM0716(5)] 还是
　　密闭门(HM0716)? ···053
66. 扩散室、除尘室、滤毒室的人防门,开启方向是否有内外之分? ·····054
67. 滤毒室等战时进风房间是否可以结合竖井式备用出入口的密闭通道布置? ·····055
68. 通风竖井是否应设置钢制爬梯? ·····································056
69. 多层防空地下室上下相邻层为一个防护单元时,是否需要在各层
　　分别设置进、排风系统? ···057
70. 为什么悬板活门需要嵌墙设置? ·····································057
71. 人防竖井内的防护密闭门是否可以突出墙面? ·····················058
72. 专业队装备掩蔽部是否需要设置扩散室,防止染毒气体渗透至
　　其他单元? ···058
73. 人防电站是否需要设置独立的滤毒通风系统? ·····················059
74. 人员掩蔽所主要出入口的排风扩散室和同一防护单元内的柴油电站
　　排风扩散室可以合用吗? ···060
75. 战时更换过滤吸收器能否从竖井进入密闭通道? ·················060

第4章　主体建筑设计 ···063

76. 医疗救护站和 300m² 的固定电站合并为一个防护分区,总面积是
　　1799m²,是否符合规范要求? ·······································064

77. 医疗救护站工程是否需要设置固定电站？ …………………………………064

78. 设置柴油电站的人员掩蔽工程，其防护单元面积能否超 2000m² ？ …………065

79. 柴油电站的结合设置是否必须与工程内最高抗力的防护单元结合，
规范依据是什么？ …………………………………………………………065

80. 柴油电站与防空专业队工程合建时，是否应结合队员掩蔽部，或者
也可结合装备掩蔽部设置？ ………………………………………………066

81. 人防工程内同时设置人员掩蔽所和物资库，附设的固定电站应与何种
类型的防护单元连接或合并一个单元设置？ ……………………………066

82. 固定电站开向物资库的人防门有什么设置要求？ ………………………067

83. 防护单元之间的连通口可以开在风机房内吗？ …………………………068

84. 人防移动电站（战时用）是否可以布置在平时为人员密集场所的
上一层、下一层或贴邻？ …………………………………………………068

85. 独立防护单元的固定电站，密闭观察窗不具有防护性能，如何界定
防护单元边界？ ……………………………………………………………068

86. 当上下相邻楼层划分为不同防护单元时，位于下层及以下各层是否
可以不再划分防护单元？ …………………………………………………069

87. 当上下两层为 1 个防护单元时，应注意哪些设计要点？ ………………070

88. 二等人员掩蔽所的防护单元面积不大于 2000m²，有没有最小限值？
是否不宜小于 1000m² ？ …………………………………………………070

89. 二等人员掩蔽所需要设置必要的物资储存空间吗？ ……………………071

90. 人防工程防护单元内的战时疏散有没有距离要求，人防主要口离坡
道或楼梯的具体控制距离是多少？ ………………………………………072

91. 战时外墙有孔口的管道层（或普通地下室）顶板厚度可以计入人防
地下室顶板的防护厚度吗？ ………………………………………………072

92. 防空地下室顶板采用防水混凝土，是否必须同时满足《地下工程防水
技术规范》GB 50108—2008 第 4.1.7 条关于防水混凝土厚度不应小于
250mm 的要求？ …………………………………………………………072

93. 顶板上面的地面装修层可以计入顶板的防早期核辐射厚度吗？ ………073

94. 场地为坡地条件下甲类人防工程人防顶板能不能突出室外地坪？ ……073

95. 平时功能为机械车库的人防工程底板和抗爆挡墙如何设置？ …………074

96. 上下多个防护单元之间是否必须两两设置连通口？ ……………………075

97. 防空专业队装备掩蔽部与其他人防单元的连通如何设置？ ……………075

98. 住宅小区分期建设的两个不相邻的防空地下室是否可以通过普通
地下室连通？ ………………………………………………………………076

99. 防空专业队队员掩蔽部主要出入口是否可以兼作与装备掩蔽部的
连通口？ ……………………………………………………………………076

100. 防护单元间车道封堵应设单向受力人防门还是双向受力人防门？ ………077

101. 多个防护单元的人防工程是否每个防护单元都要设置防爆波电缆井？ ······078

102.《人民防空工程设计防火规范》GB 50098—2009 与最新建筑防火
规范有一定差异，按哪本执行？ ·······079

103. 人防电站上部为消防水池有没有问题？ ·······079

104. 医疗救护工程是否一定要设置救护车掩蔽部？ ·······080

105. 给排水管道是否可以穿越电站的储油间？ ·······080

106. 当人防移动电站内采用拖车式柴油发电机组时，是否也需要设基础？ ·······080

107. 医疗救护工程的大便器、洗手池和手术台等是否要求平时就安装好？ ·······081

第5章 防化设计 ·······083

108. 人防工程防化设计的含义是什么？ ·······084

109. 人防工程的可行性研究报告或初步设计文本是否需要有防化专篇？ ·······084

110. 人防工程防化设计应遵循哪些防护原则？ ·······084

111. 建筑专业设计时需要考虑哪些防化设计要点？ ·······085

112. 防化乙级及以下人防工程应遵循哪些防护原则？ ·······086

113. 柴油电站和专业队装备掩蔽部有没有防化等级？ ·······087

114. 人防工程口部房间染毒区、允许染毒区和清洁区是如何划分的？ ·······087

115. 当相邻防护单元的防化级别不同时，连通口需要设防毒通道
和洗消间吗？ ·······087

116. 为什么专业队装备掩蔽部和水冷电站与人员掩蔽所之间需要设置
防毒通道？ ·······088

117. 过滤吸收器在战争期间是否需要考虑更换？ ·······089

118.《人民防空工程防化设计规范》RFJ 013—2010 规定次要出入口
应设置防毒通道，与《人民防空地下室设计规范》GB 50038—2005 的
要求不一致，应以哪本规范为准？ ·······089

119. 乙级防化的人防工程战时主要出入口要求设两道防毒通道，其他
口（含次要出入口）只设一道密闭通道，从防化角度是否匹配？ ·······089

120.《人民防空地下室设计规范》GB 50038—2005 和《人民防空工程
防化设计规范》RFJ 013—2010 对区域供水站防化设计要求不
一致，以哪本规范为准？ ·······090

121. 战时人员从工程主要出入口进入工事有哪几种洗消方法？ ·······091

122. 二等人员掩蔽所的简易洗消间能否满足防化要求？是否应增设有
穿衣间的洗消间？ ·······092

123. 哪些人防工程需要设染毒装具储藏室？ ·······092

124. 战后人防工程口部如何洗消？ ·······092

125. 人防工程里的氡及其子体有哪些防护措施？ ·······093

126.《人民防空医疗救护工程设计标准》RFJ 005—2011 图 3.3.2 第一

密闭区房间关系示意与《人民防空工程防化设计规范》
RFJ 013—2010 表 3 的要求不一致，以哪个为准？ ·················· 093

第 6 章　其他设计 ·· 095

127. 救护站或急救医院内，平时进、排风机房，战时是否能作为战时房间？
例如，某房间平时进、排风机房战时寝室。 ······················· 096

128. 人防电站内设有竖井吊装孔是否可作为机组通向室外的运输口使用？ ··· 096

129. 二等人员掩蔽工程防爆地漏是否必须选用不锈钢材质？ ············· 097

130. 相邻楼梯间前室之间的隔墙是否可以取消？ ······················· 097

131. 人防门门垛的最小尺寸是否一定要满足图集要求，如果遇到特殊
情况，是否可以缩小？ ··· 097

132. 一个连通口是否可以连接 3 个及以上防护单元？ ··················· 098

133. 07FJ01 第 48 页第 10 条，物资库设小型贮水箱，按保管人员 2~4 人
计算，这个水箱是否作为密闭通道的洗消用？ ····················· 098

134. 人防工程为什么要设防火防护密闭门？如果人防门外已有一道防火
门是否还要设防火防护密闭门？ ····································· 098

135. 医疗救护工程中空调室外机室与柴油电站分开设置时，是否需要
设置设备出入口？与医疗救护工程内部衔接时，是设置防毒通道
还是密闭通道？ ··· 099

136. 对平时使用有影响的人防专用室外疏散楼梯，是否可以在平时盖板
封闭，临战转换打开？ ··· 099

137. 医疗救护工程中，第一、二密闭区之间是否可以不用密闭墙封隔
完全，采用临战封堵开设平时使用通道？ ··························· 102

138. 战时遭到生物武器袭击后，人防工程内如出现类似新型冠状病毒人
传人的情况，如何处理？ ··· 102

139. 柴油电站排烟对环境和工程隐蔽都很不利，设置烟气处理设备建筑
专业需注意什么？ ··· 103

140. 冷却塔有雾气且温度高，影响环境又不利隐蔽，如何处理？建筑
专业需注意什么？ ··· 103

141. 充电桩可以设计在人防防护区内吗？ ······························· 104

142. 城市地下综合管廊是否可以兼顾人防工程？ ························· 104

143. 公路隧道是否可以兼顾人防工程？ ································· 105

144. 地铁防淹门选择哪种类型的最安全、可靠？ ························· 106

145. 对早期人防工事报废填埋有没有经济适用的方案？ ················· 107

146. 在工程审批时，防空专业队队员掩蔽部面积不超过 1000m² ，要
配套设置多大面积的装备掩蔽部才合适？ ··························· 107

147. 地下空间兼顾人防的设计、防护单元划分、抗力级别等如何确定？ ········ 109

148. 防空地下室距离确定中易燃易爆物品如何具体界定，锅炉房
　　（不同类型）、调压站如何界定？ ·· 110

149. 人防区能不能做机械停车位？ ··· 111

150. 平时不砌，战时砌筑的进、排风机房以及防化值班室的门需要
　　设置防火门吗？ ··· 111

第 7 章　人防工程定额与造价 ·· 113

151. 人防工程计价体系包括哪些内容？ ··· 114

152. 人防工程定额与建设工程定额有什么差异？ ································· 114

153. 人防工程可行性研究阶段如何编制投资估算？ ······························· 115

154. 人防工程初步设计阶段工程概算如何编制？ ································· 115

155. 人防工程招标控制价如何编制？ ··· 115

156. 人防工程计价一定要使用人防定额吗？ ····································· 116

157. 人防工程编制招标控制价时防护、防化设备如何计价？ ······················· 116

158. 坑地道人防工程工程量计算应有哪些注意事项？ ····························· 116

159. 人防工程防护功能平战转换费用如何计算，是使用《人防工程防护
　　功能平战转换费用计算方法》RFJ 01—2009 吗？ ··························· 117

160. 人防工程核电磁脉冲防护系统是什么且如何计价？ ·························· 117

161. 人防工程维修养护如何计价，是否可以选用建设工程的《房屋
　　修缮工程定额》？ ··· 118

附　录 ··· 119

全国通用人防工程资料目录 ··· 120

北京市人防工程资料目录 ··· 123

上海市人防工程资料目录 ··· 128

江苏省人防工程资料目录 ··· 129

安徽省人防工程资料目录 ··· 130

河北省人防工程资料目录 ··· 134

山西省人防工程资料目录 ··· 135

河南省人防工程资料目录 ··· 136

内蒙古自治区人防工程资料目录 ··· 137

广西壮族自治区人防工程资料目录 ··· 138

重庆市人防工程资料目录 ··· 139

辽宁省人防工程资料目录 ··· 139

浙江省人防工程资料目录 ··· 140

山东省人防工程资料目录 ··· 143

贵州省人防工程资料目录 ··· 145

四川省人防工程资料目录 ·· 146

云南省人防工程资料目录 ·· 146

新疆维吾尔自治区人防工程资料目录 ·································· 147

吉林省人防工程资料目录 ·· 148

陕西省人防工程资料目录 ·· 149

甘肃省人防工程资料目录 ·· 150

广东省人防工程资料目录 ·· 150

美国防护工程设计标准等资料目录 ····································· 152

参考文献 ··· 154

第 1 章
基本概念与防护原理

1. 什么是核武器，有哪些杀伤破坏作用？

核武器是利用原子核反应瞬间放出巨大能量，起杀伤破坏作用的武器。如原子弹、氢弹、中子弹、三相弹、红汞核弹、反物质弹等均为核武器，如图 1-1 所示。

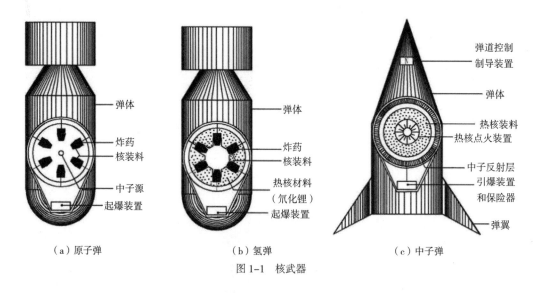

（a）原子弹　　　　　　　（b）氢弹　　　　　　　（c）中子弹

图 1-1　核武器

核武器爆炸时，有五种杀伤破坏因素：光辐射（也叫热辐射）、早期核辐射（也叫贯穿辐射）、放射性灰尘、核电磁脉冲和冲击波。核爆对开阔地暴露人员的伤害半径，见表 1-1。

核爆对开阔地暴露人员中度伤害半径 R（km）[1]　　　　　　　表 1-1

当量 （kt）	光辐射伤害		冲击波伤害		早期核辐射伤害		复合伤	
	地爆	空爆	地爆	空爆	地爆	空爆	地爆	空爆
1	0.22	0.34	0.34	0.36	0.87	0.87	0.87	0.87
5	0.5	0.77	0.62	0.67	1.07	1.06	1.07	1.06
10	0.72	1.09	0.82	0.90	1.19	1.18	1.19	1.18

续表

当量 （kt）	光辐射伤害		冲击波伤害		早期核辐射伤害		复合伤	
	地爆	空爆	地爆	空爆	地爆	空爆	地爆	空爆
20	1.02	1.52	1.10	1.20	1.34	1.31	1.34	1.52
50	1.58	2.33	1.55	1.73	1.54	1.50	1.58	2.33
100	2.19	3.21	2.07	2.25	1.76	1.71	2.19	3.21
500	4.65	6.55	4.08	4.40	2.24	2.12	4.65	6.55

（1）光辐射

光辐射是从核爆炸的高温火球中辐射出来的强光和热量。

①传播速度快：与普通光速一样（约 30 万 km/s），直线传播。

②热效应强：被物体吸收后，主要转变为热能，使之温度升高，可燃物燃烧，引起火灾。

③作用时间短：一般有零点几秒至几十秒。

（2）早期核辐射

早期核辐射是核爆炸后，最初十几秒钟内从火球和烟云中释放出的丙种射线（简称"γ 射线"）和中子流，是核武器特有的杀伤破坏因素。

①传播速度快：丙射线与普通光速一样，中子流以每秒几千至几万公里的速度，从爆心向四周传播。

②看不见、摸不着：有较强的贯穿能力。

③作用时间短：一般有几秒至十几秒。

（3）放射性沾染

放射性沾染是核爆炸时，产生的放射性物质对地面、水、空气、食物、人员、武器装备等所造成的沾染。

①来源多：主要有三种，核裂变产物、爆区感生放射性物质、未裂变的核装料。

②地爆时：对人员伤害作用时间长、范围广；空爆时：对人员伤害作用时间短。

③沾染：地面有感生放射性物质、落到地面的放射性灰尘；悬浮在空中的放射性气溶胶（核爆炸后所产生的放射性灰尘与空气的混合体）。

（4）核电磁脉冲

核电磁脉冲是在核爆炸瞬间，因产生大量 γ 射线与空气分子相互作用引发电子流，瞬间形成很高的电场强度，即造成大面积的核电磁脉冲作用区。

①核电磁脉冲以光速传播；

②核电磁脉冲可以破坏电气设备，尤其是通信设备。

（5）冲击波

冲击波是核爆炸时，由高温高压火球剧烈膨胀，猛烈压缩周围空气所形成的高压高速向四周冲击的空气波。

①传播速度快，但是随着距离的增加，能量消耗，速度逐渐变慢，动压降低；

②空气压缩区的静压力随着距离增加而降低；

③随着爆心温度下降,使冲击波的后方出现负压(低于大气压力),如图 1-2 所示。所以冲击波过后，爆区的人防工程先承受动压和超压的作用，然后承受负压作用。

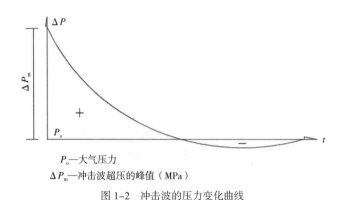

P_o—大气压力
ΔP_m—冲击波超压的峰值（MPa）

图 1-2　冲击波的压力变化曲线

2. 什么是化学武器?

战争中用来毒害人、畜的化学物质，叫作军用毒剂（简称毒剂）。化学武器是以毒剂的毒害作用杀伤有生力量的武器。包括毒剂（或其前体）、装有毒气（或其前体）的弹药和装置，以及使用这些弹药和前体的专门设备。如装有毒剂或毒剂前体的化学炮弹、化学航空炸弹、化学火箭弹、导弹化学弹头、化学地雷、航空布洒器以及其他毒剂施放器材等。使用时借助于爆炸、热气化、空气阻力作用，将毒剂分散成蒸汽、气溶胶、液滴或粉尘状态，使空气、地面、水源、物体染毒，人、畜经呼吸道吸入和皮肤吸收，造成伤亡或暂时丧失战斗力。

3. 什么是生物武器?

生物武器是指以生物战剂杀伤有生力量和毁坏植物的武器。包括装有生物战剂的炮弹、航空炸弹、导弹弹头、布洒器、气溶胶发生器等。主要以气溶胶和带菌媒介等方式施放生物战剂，可通过呼吸道、消化道、皮肤和黏膜侵入人、畜体内，造成伤亡，也可大规模毁伤农作物。

生物战剂按生物学特性可分为细菌类生物战剂、病毒类生物战剂、立克次体类生物战剂、衣原体类生物战剂、毒素类生物战剂和真菌类生物战剂。按毒害效果可分为失能性生物战剂和致死性生物战剂。按是否具有传染性可分为传染性生物战剂和非传染性生物战剂。

常见生物战剂有：①细菌类生物战剂：炭疽杆菌、土拉弗氏菌、布鲁氏菌、鼠疫杆菌、马鼻疽假单胞菌、霍乱弧菌、类鼻疽假单胞菌、亲肺军团杆菌；②病毒类生物战剂：黄热病毒、委内瑞拉马脑脊髓炎病毒。③立克次体生物战剂：贝氏柯克斯体普氏立克次氏体、立氏立克次氏体、鸟疫衣原体、肉毒毒素、葡萄球菌肠毒素、麦锈病菌、稻瘟病菌、粗球孢子菌、荚膜组织胞浆菌。

4. 人防工程的主要类型有哪些?

人防工程的分类方法有很多，可以按工程的构筑方式分类，也可以按战时使用功能和防护特性分类。如图 1-3 所示。

按工程的构筑方式分类，人防工程主要分为明挖工程与暗挖工程。明挖工程是指工程上部自然防护层在施工中被扰动的工程，施工中受地质条件影响小，使用方便，作业面大，土方量大，与地面建筑及地下管线的关系较为密切，主要适用于抗力要求不高或不宜暗挖的使用条件。明挖工程中按上部有无地面建筑又可分为单建式和附建式工程。上部无大型或固定地面建筑物的称为单建式工程；上部有地面建筑的称为附建工程，也称为防空地下室。暗挖工程是指上部自然防护层在施工中未被扰动的工程，施工中受地面建筑及地下管线的影响小，工程的抗力随防护层厚度的增加有不同程度的提高。结构断面尺寸因有岩土起承载作用而可减小，但施工受地质条件影响较大。暗挖工程按照是否在山体或平原地区的修建方式可分为地道式和坑道式工程。如图 1-4 所示。

按战时的使用功能人防工程可分为：指挥工程、防空专业队工程、医疗救护工程、人员掩蔽工程和配套工程五大类。

（1）指挥工程

各级人防指挥所。人防指挥所是保障人防指挥机关战时能够不间断工作的人防工程。

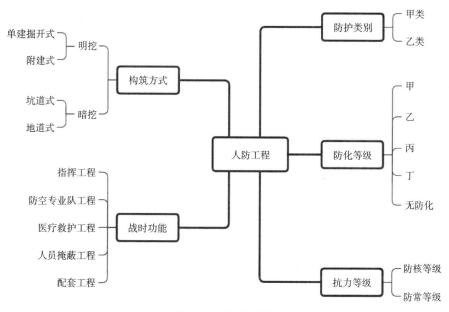

图 1-3　人防工程分类

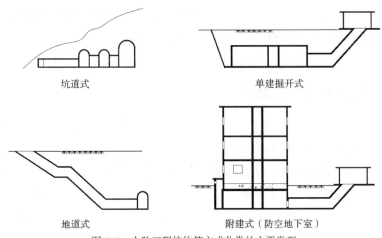

坑道式　　　　　　　　　单建掘开式

地道式　　　　　　　　附建式（防空地下室）

图 1-4　人防工程按构筑方式分类的主要类型

（2）医疗救护工程

医疗救护工程是战时为抢救伤员而修建的医疗救护设施。医疗救护工程根据作用和规模的不同可分为三等：一等为中心医院，二等为急救医院，三等为救护站。

（3）防空专业队工程

防空专业队工程是战时为保障各类专业队掩蔽和执行勤务而修建的人防工程。根据《中华人民共和国人民防空法》的规定，防空专业队伍包括抢险抢修、医疗救护、消防、治安、防化防疫、通信、运输七种。其主要任务是：战时担负抢险抢修、医疗救护、防火灭火、防疫灭菌、消毒和消除沾染、保障通信联络、抢救人员和抢运物资、维护社会治安等任务，平时协助防汛、防震等部门担负抢险救灾任务。

（4）人员掩蔽工程

人员掩蔽工程是战时主要用于保障人员掩蔽的人防工程。根据使用对象的不同，人员掩蔽工程分为两等。一等人员掩蔽所，指战时坚持工作的政府机关、城市生活重要保障部门（电信、供电、供气、供水、食品等）、重要厂矿企业和其他战时有人员进出要求的人员掩蔽工程；二等人员掩蔽所，指战时留城的普通居民掩蔽工程。

（5）配套工程

配套工程是战时用于协调防空作业的保障性人防工程，主要包括：区域电站、区域供水站、人防物资库、人防汽车库、食品站、生产车间、疏散干（通）道、警报站、核生化监测中心等工程。

按防护特性人防工程分为甲类与乙类工程。甲类人防工程是指战时能抵御预定的核武器、常规武器和生化武器袭击的工程；乙类人防工程是指战时能抵御预定的常规武器和生化武器袭击的工程。甲、乙两类人防工程均应考虑防常规武器和生化武器，其主要区别在于甲类人防工程设计应考虑防核武器，乙类工程不考虑防核武器。在甲、乙两类人防工程设计中主要在防早期核辐射、工程埋深、口部设置和抗力要求等相关方面有所不同。至于工程是按甲类还是乙类设计，主要由人防主管部门根据国家的有关规定，结合该地区的具体情况确定。

以二等人员掩蔽工程为例,它可以是甲类工程,也可以是乙类工程,按构筑方式也可以有 4 种不同形式,其抗力级别由相关部门确定,但其防化级别按《人民防空工程防化设计规范》RFJ 013—2010 的规定为丙级。

5. 什么是隔绝式防护,何时启动隔绝式防护?

利用工程围护结构、防护设施和气密措施使工程内外隔绝,将武器爆炸产生的冲击波和核生化污染物阻挡在工程外的防护方式称为隔绝式防护。

隔绝式防护是人防工程最基本的防护方式,当人防工程转入隔绝式防护后,室内外停止空气交换,由通风机对室内空气实施内循环的通风。

工事处在下列情况时,应转入隔绝式防护:

(1)敌人将对该地区实施核、生、化武器袭击,上级主管单位发出警报指令时;

(2)敌人对工程所在地区实施核、生、化武器袭击使工程外空气被污染,核生化监测设备发出报警信息时;

(3)工程外发现大面积火灾时;

(4)在工程外空气已经被污染,过滤吸收器失效时;

(5)在工程外空气已经被污染,通风孔口被堵塞无法进、排风时;

(6)发现过滤吸收器不能处理的新型毒剂时;

(7)温压弹刚袭击过,工程外空气氧气含量低时。

6. 什么是过滤式防护?

当工程所在地域遭到敌人核生化武器袭击致使空气被污染,工程在隔绝式防护或隔绝式通风的基础上,在基本判明毒剂类型的条件下,开启过滤式进风系统的进风机和密闭阀门,外界被污染空气经过除尘滤毒设备处理后进入工程;并开启超压排风系统上的相关阀门,将用过的废气通过超压排风系统排出工程。从防污染物的角度看,这是一种防护方式,所以称为过滤式防护。

7. 人员掩蔽工程应布置在人员居住、工作的适中位置,服务半径不宜大于 200m,是到用地边线还是其他部位?

人员掩蔽工程的服务半径一般按掩蔽人员的居住、工作点至人防工程出入口的水平直线距离不大于 200m 控制。

《人民防空地下室设计规范》GB 50038—2005 第 3.1.2 条规定:"人员掩蔽工程应布置在人员居住、工作的适中位置,其服务半径不宜大于 200m。"该条条文解释:为使人员在听到警报后,能够及时进入掩蔽状态,本条按照一般人员的行走速度,将规定的时间(包括下楼梯),折算成为服务半径。在编制居住小区的人防工程规划时，应当注意使人防工程的布局尽量满足此项规定。

8. 乙类工程是否需要考虑防核问题？

乙类工程不需要考虑防核问题。

《人民防空地下室设计规范》GB 50038—2005 第 1.0.4 条规定："甲类防空地下室设计必须满足其预定的战时对核武器、常规武器和生化武器的各项防护要求。乙类防空地下室设计必须满足其预定的战时对常规武器和生化武器的各项防护要求。"考虑未来爆发全面核战争的可能性已经变小，且我国地域辽阔，城市（地区）之间的战略地位差异悬殊，威胁环境十分不同，所以《人民防空地下室设计规范》GB 50038—2005 把防空地下室区分为甲、乙两类。至于防空地下室是按甲类还是乙类修建，应由当地的人防主管部门根据国家的有关规定，结合该地区的具体情况确定。

9. 人防工程建筑面积应该怎么计算？

《人民防空地下室设计规范》GB 50038—2005 等国家规范并未对人防工程建筑面积做出明确规定，仅规定了防护单元建筑面积的计算方法，各地方人防主管部门为了统一标准，通常会制定当地的一些具体规定。总体原则为人防工程建筑面积由防护单元建筑面积加上口部以外的通道、楼梯面积等组成，但具体计算规则略有不同。部分省份规定见表 1-2。

各地人防工程建筑面积计算规则　　　　　　　　表 1-2

地区	标准名称	计算规则例举
河北省	人民防空工程建筑面积计算规范 DB13（J）/T 222—2017	2.02 人防工程建筑面积（Construction Area of Civil Air Defense Works） 人防工程各层外边缘所包围的水平投影面积之和。 3.1.1 人防工程建筑面积应按自然层面积之和计算。结构层高在 2.20m 及以上的，应计算全面积；结构层高在 2.20m 以下的，应计算 1/2 面积。 3.1.2 1 个自然层建筑面积应为其所含防护单元、有效的战时出入口、有效的防倒塌棚架及其他可以计入部位的建筑面积之和
浙江省	浙江省防空地下室面积计算规则（浙人防办〔2011〕29 号）	第五条 防空地下室面积主要包括建筑面积、有效面积、使用面积、掩蔽面积和结构面积。本规则中未注明何种面积者，均可指代上述五种面积的任一种。 防空地下室面积为主体与口部或防护区与非防护区面积之和
河南省	河南省防空地下室面积计算规则（豫人防〔2017〕142 号）	第八条 下列区域的建筑面积计入人防区建筑面积： （一）防空地下室承受核武器或常规武器荷载的围护结构外围水平投影面积（不包括采光井、防潮层及其保护墙）； （二）单层防空地下室（室内地平面至梁底或板底的净高不小于 2.20m 的部分）不论其高度如何均按一层计算；如局部有多层（室内地平面至顶板梁底或板底的净高不小于 2.20m 的部分）也计入人防区建筑面积； （三）多层防空地下室的建筑面积按防空地下室各层的建筑面积的总和计算；

续表

地区	标准名称	计算规则例举
河南省	河南省防空地下室面积计算规则（豫人防〔2017〕142号）	（四）专供人防战时使用的阶梯式出入口的楼梯间及其至第一道防护（密闭）门的通道按自然层计入人防区建筑面积； （五）坡道式战时出入口的有永久性顶盖部分至坡道内第一道防护（密闭）门的通道计入人防区建筑面积（多层地下室通向人防区域的坡道式战时出入口，坡道超过本层顶板通入非人防区域部分不计入人防区建筑面积）； （六）专供人防工程战时使用的通风竖井、管道（电缆）井等按自然层计入人防区建筑面积； （七）防护单元间设置变形缝、沉降缝的，凡宽在300mm以内者，均依其缝宽按自然层计入人防区建筑面积；工程内设回廊、夹层或局部多层以及坡顶（坡道），室内地平面至梁底或板底的净高层高不小于2.20m的部分，应按其水平投影计入人防区建筑面积。 按照本条第（四）、（五）款计算时，楼梯或者坡道的水平投影总长度大于10m时，均按10m取值（门、通道中心线）；宽度按防护（密闭）门外通道宽度最窄处取值
上海市	上海市民防工程面积计算规则（2009版）	一、面积定义 建筑面积：工程各层民防区域外边缘所包围的水平投影面积之和。 二、面积计算规则 面积计算公式： 使用面积=掩蔽面积+辅助面积+口部面积 建筑面积=使用面积+结构面积+口部外通道面积
广西壮族自治区	《广西壮族自治区工程建设项目"多测合一"技术规程》	7.2 人防建筑面积计算规则 7.2.1 人防建筑面积 单建式人防工程建筑面积分为防护区建筑面积和非防护区建筑面积。附建式人防工程建筑面积以防护区建筑面积为准，非防护区建筑面积不计入附建式人防工程建筑面积。 7.2.2 防护面积 防护区建筑面积由防护区密闭门（和防爆波活门）相连接的临空墙、外墙外边缘形成的建筑面积，按《建筑工程建筑面积计算规范》GB/T 50353—2013进行计算。 7.2.5 人防建筑面积计算细则： 1 临空墙体、外墙按外围线计算； 2 防护单元间墙体以墙体中间为界，量至墙体厚度的1/2处； 3 地面警报控制室建筑面积计算按本规程第4章规定执行

10. 什么是防护单元掩蔽面积？

防空地下室的掩蔽面积在《人民防空地下室设计规范》GB 50038—2005 第 2.1.46 条中明确指出，掩蔽面积为供掩蔽人员、物资、车辆使用的有效面积。其值为与防护密闭门（和防爆波活门）相连接的临空墙、外墙外边缘形成的建筑面积扣除结构面积和下列各部分面积后的面积：

（1）口部房间、防毒通道、密闭通道面积；

（2）通风、给排水、供电、防化、通信等专业设备房间面积；

（3）厕所、盥洗室面积。

在计算掩蔽面积时需扣除临战堆垒的抗爆挡墙面积、临战砌筑墙体面积及布设水箱间的水箱间隙等无效面积。

11. 二等人员掩蔽所掩蔽率如何取值？

掩蔽率在规范中并没有给出具体的定义，实际设计中也没有统一的标准。

在工程实际中往往约定人防工程的掩蔽率计算公式如下：

$$掩蔽率 = 掩蔽面积 \div 建筑面积$$

影响掩蔽率的不确定性因素比较多，战时功能、防护级别、防化级别、建筑埋深、工程的形态、口部的布局、防护设备的配置、内部设备与设施、内部房间的设置、设计水平高低等都对掩蔽率有很大的影响。例如，一个人员掩蔽单元中抗爆隔墙和挡墙的面积通常占到人防建筑面积的 5% 以上，抗爆隔墙和挡墙砌筑方式也会对掩蔽率产生很大的影响。据统计，口部房间设计的好坏对掩蔽率影响达到 2%。另据近千项人防工程的统计，工程掩蔽率大多在 60%~70% 左右，总体上东部地区掩蔽率略高，西部地区略低。此外，各地对于建筑面积的认定标准不一，也会影响掩蔽率的计算结果。

计算掩蔽率的主要作用是确定掩蔽人数，以便进行口部宽度、内部设施容量等的计算与设计。作为人防主管部门，适当控制掩蔽率可以有效避免人防工程建设过程中，相关单位为了减少通风设备的数量，刻意节省造价，压低掩蔽人数的行为。但掩蔽率并不完全等价于掩蔽人数。工程内能掩蔽的人数与掩蔽模式、人均掩蔽面积与体积、掩蔽时间等诸多因素相关，如果能明确每名人员掩蔽位置后再进行人数统计，比使用掩蔽率更准确。

如果出入口设置受限，人为降低掩蔽率，减少掩蔽人数，将战时疏散口数量或宽度减少，将造成掩蔽空间的浪费，同时也可能影响战时人员掩蔽的安全性。很多项目实际施工完成后，普遍存在风管接缝不严密，风阻考虑不周全，通风口部布局不合理，或者通风短路等诸多问题，导致实测通风风量小于设计值的情况。例如某项目平战转换演练时，实际测量风量只有设计值的 70%。如果设计过程中刻意压缩掩蔽率，势必将造成战时风量计算数值较小，施工完成的风量不足。

总的来说，当工程平面比较规整时，比较容易达到 70% 的掩蔽率。如果工程规模较小时，设备、口部、结构（例如剪力墙）所占空间较大，掩蔽率会有所降低，一般为 60%~70%，但没有统一的标准。

12. 防护单元建筑面积是否为防护密闭门以内的建筑面积，是否包括防护密闭门以外人防疏散通道、楼梯、坡道等？

防护单元在《人民防空地下室设计规范》GB 50038—2005 第 2.1.17 条有明确解释：在防空地下室中，其防护设施和内部设备均能自成体系的使用空间。因此防护单元建筑面积指与防护密闭门（和防爆波活门）相连接的临空墙、外墙外边缘形成的建筑面积，不包括防护密闭门以外的人防疏散通道、楼梯、坡道等（如图 1-5 灰色区域所示）。

上部建筑层数为九层或不足九层（包括没有上部建筑）的医疗救护工程、防空专业队工程、人员掩蔽工程和配套工程应按《人民防空地下室设计规范》GB 50038—2005 表 3.2.6 的相关规定划分防护单元，详见表 1-3。

防护单元建筑面积　　　　　　　　　　表 1-3

工程类型	医疗救护工程	防空专业队工程		人员掩蔽工程	配套工程
		队员掩蔽部	装备掩蔽部		
防护单元建筑面积（m²）	≤ 1000		≤ 4000	≤ 2000	≤ 4000

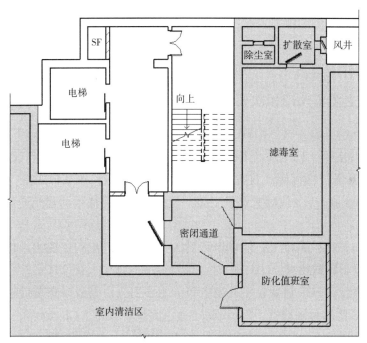

图 1-5　人防工程防护单元建筑面积的范围示意

13.室外架空连廊要不要计算人防建设面积?

《人民防空工程建设管理规定》（国人防办字〔2003〕第 18 号）第四十七条规定，新建民用建筑应当按照下列标准修建防空地下室：

（1）新建 10 层（含）以上或者基础埋深 3m（含）以上的民用建筑，按照地面首层建筑面积修建 6 级（含）以上防空地下室；

（2）新建除（1）款规定和居民住宅以外的其他民用建筑，地面总建筑面积在 2000m² 以上的按照地面建筑面积的 2%~5% 修建 6 级（含）以上防空地下室；

（3）开发区、工业园区、保税区和重要经济目标区除一款规定和居民住宅以外的新建民用建筑，按照一次性规划地面总建筑面积的 2%~5% 集中修建 6 级（含）以上防空地下室；按（2）（3）款规定的幅度具体划分：一类人民防空重点城市按照 4%~5% 修建；二类人民防空重点城市按照 3%~4% 修建；三类人民防空重点城市和其他城市（含县城）按照 2%~3% 修建；

（4）新建除（1）款规定以外的人民防空重点城市的居民住宅楼，按照地面首层建筑面积修建 6B 级防空地下室；

（5）人民防空重点城市危房翻新住宅项目，按照翻新住宅地面首层建筑面积修建 6B 级防空地下室。新建防空地下室的抗力等级和战时用途由城市（含县城）人民政府人民防空主管部门确定。

依据以上国家规定以外，北京、上海、江苏、广西等地人防办对于人防地下室应建面积制定了各自具体的地方规定。以广西南宁市为例，2019 年 5 月起，一次性规划总计容面积 2000m² 以上的新建（含改建、扩建）各类民用建筑，人防应建面积按计容面积 5% 的比例配建，所以室外架空连廊的人防应建面积需征询并按照当地人防办的要求执行。

14. 什么是主要出入口和次要出入口，它们的区别是什么？

出入口指的是供人员、物资、装备等进出的口部。《人民防空地下室设计规范》GB 50038—2005 第 2.1.27 条，主要出入口（Main Entrance）为战时空袭前、空袭后，人员或车辆进出较有保障，且使用较为方便的出入口；第 2.1.28 条，次要出入口（Secondary Entrance）为战时主要供空袭前使用，当空袭使地面建筑遭破坏后可不使用的出入口。

在通用防护措施基础上，能供空袭后人员或车辆进出的主要出入口，与次要出入口相比有以下特殊要求：

（1）主要出入口应设置在室外出入口。主要出入口是战时空袭后也要使用的出入口，为了尽量避免被堵塞，《人民防空地下室设计规范》GB 50038—2005 第 3.3.1 条规定要求主要出入口应设置在室外出入口；次要出入口为空袭后不使用的出入口，可不必考虑设置为室外出入口。

（2）《人民防空地下室设计规范》GB 50038—2005 第 3.3.1 条规定要求：医疗救护工程、专业队队员掩蔽部、一等人员掩蔽所、生产车间、食品站、二等人员掩蔽所、电站控制室等战时有人员出入的主要出入口应设置防毒通道、洗消间或简易洗消间；空袭后次要出入口不考虑人员通行，可不必设置防毒通道、洗消间或简易洗消间。为了防止战时在室外染毒情况下，有人员通过时毒剂进入室内，主要出入口需设置具有通风换气功能的防毒通道，形成不间断的向外排风，以确保渗透进入室内的毒剂含量处于非致伤浓度。洗消间和简易洗消间则是用于战时室外染毒人员在通过主要出入口进入室内清洁区之前，进行消毒（或清除放射性沾染）的必要房间。

15. 什么是室内出入口和室外出入口，它们的区别是什么？

《人民防空地下室设计规范》GB 50038—2005 第 2.1.24 条，室外出入口（Outside Entrance）为通道的出地面段（无防护顶盖段）位于防空地下室上部建筑投影范围以外的出入口；第 2.1.25 条，室内出入口（Indoor Entrance）为通道的出地面段（无防护顶盖段）位于防空地下室上部建筑投影范围以内的出入口。

战时当城市遭到空袭后，尤其是遭核袭击后，地面建筑物会遭到严重破坏，以至于倒塌，防空地下室的室内出入口极易被堵塞。因此，必须强调出入口的设置数量以及设置室外出入口的必要性。

从字面上看，室内出入口与室外出入口主要的区别在于出地面段上部有无建筑，其内在防护含义则是室外出入口在预定武器打击下，不能破坏，不能堵塞，不能影响空袭后的正常使用。有些"形似"室外出入口的口，并不能真正实现室外出入口的作用，不能算作室外出入口。如图 1-6 所示室外出入口，如果地面建筑倒塌，这个"室外出入口"会被阻挡，而不能通行至地面建筑之外的区域。

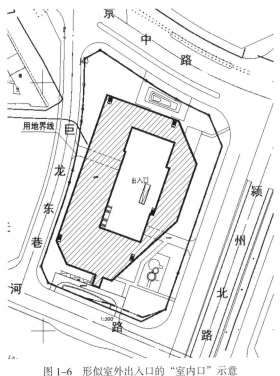

图 1-6　形似室外出入口的"室内口"示意

16. 主要出入口、次要出入口和室外出入口、室内出入口的关系？

主要出入口指战时空袭前、空袭后，人员或车辆进出较有保障，且使用较为方便的出入口；次要出入口指战时主要供空袭前使用，当空袭使地面建筑破坏后可不使用的出入口；室外出入口指通道的出地面段（无防护顶盖段）位于防空地下室上部建筑投影范围以外的出入口；室内出入口指通道的出地面段（无防护顶盖段）位于防空地下室上部建筑投影范围以内的出入口。

主要出入口与次要出入口是从出入口战时功能要求进行的分类，而室外出入口与室内出入口则是根据出入口设置位置与地面建筑关系进行的分类。主要、次要出入口与室外、室内出入口分类不同，相互关系如下：

（1）战时主要出入口应设在室外出入口（符合《防空地下室设计规范》GB 50038—2005 第 3.3.2 条规定的防空地下室除外）；

（2）战时次要出入口可是室外出入口也可是室内出入口。

对于防空地下室，战时主要出入口通常设在室外出入口，满足规范条件时，可以设在靠近室外的室内出入口，而次要出入口则无设在室外出入口的要求。考虑核武器爆炸所造成的地面建筑破坏范围很大，甲类防空地下室需要重视地面建筑倒塌的影响。为了确保空袭之后能够正常出入，战时出入口应尽可能设置为室外出入口。只是实际工程中，室外口本来就不容易找到，只能优先满足主要出入口的"刚需"。

17. 两个相邻防护单元的室外出入口是否可以共用？

符合《人民防空地下室设计规范》GB 50038—2005 第 3.3.1 规定的两个相邻防护单元可以在防护密闭门外共设一个室外出入口（图 1-7），但需要满足以下条件：

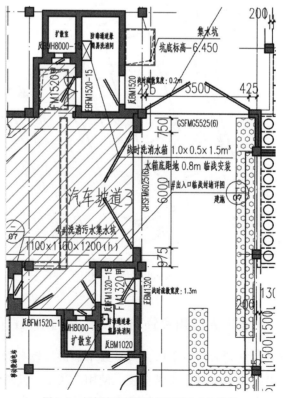

图 1-7　相邻防护单元共用室外出入口示意

（1）当相邻防护单元的抗力级别不同时，共设的室外出入口应按高抗力级别设计；

（2）相邻防护单元的战时功能均为人员掩蔽工程或其中一侧为人员掩蔽工程另一侧为物资库；

（3）相邻防护单元均为物资库，且其建筑面积之和不大于 6000m²。

防空地下室结合地下车库建设的情况较为常见，车库的汽车坡道通常设在室外，且宽度一般 ≥ 4m，满足两个防护单元共用室外出入口的宽度，且汽车坡道较为平缓，有利于战时人员的紧急疏散掩蔽。

18. 同一工程的防空地下室各防护单元可与非人防地下室区域间隔布置吗?

不可以。防空地下室是具有预定战时防空功能的地下室，《人民防空地下室设计规范》GB 50038—2005 第 3.1.1 条明确，防空地下室的位置、规模、战时及平时的用途，应根据城市的人防工程规划以及地面建筑规划，地上与地下综合考虑，统筹安排。

在防空地下室设计中，其平时功能是根据建设单位提出的要求进行设计，战时功能、规模和抗力等级都是依据当地人防行政审批部门出具的防空地下室建设许可文件要求进行布置，设计顺序是先平时功能布置，后战时功能布置，再相互协调优化后确定。战时功能位置宜选择在其服务半径 200m 范围内，具体功能布局根据地形环境和上部建筑条件综合集中布置。也有设计师为了追求防空地下室的抗毁能力，减少防空地下室的附带毁伤因素，将防空地下室各防护单元与平时的防火单元间隔设置，形成一个防护单元分别相邻一个非防护单元的布局，使一个整体防空地下室变成了多个防空地下室。虽然都能满足当地人防办许可文件的要求和平时使用功能需要，但工程建成后就发现以下问题：

（1）影响平时使用。防空地下室集中式布置时，根据人防行政审批部门的要求选择一块地下室区域集中布置多个防护单元，让出大块的非防护区为建设单位布置平时功能，提高平时使用功能的效益。如采用分隔式布置时，平时功能与战时功能一样，被分割得很零碎，不利于平时功能的整体使用，导致建设单位不满意。

（2）战时出入口增加。防空地下室集中式布置时，在满足战时功能疏散需要的同时可以利用相邻防护单元的战时出入口进行共享，减少了战时出入口数量，避免战时出入口多而影响地面建筑场地的使用功能。防空地下室防护单元间隔布置，相同疏散条件下，需增加至少 1/4 的出入口，对于地块不大，建筑容积率较高的住宅区或是商业综合体时，就会非常困难。随着战时出入口的增加，口部的人防门等防护设备也会大量增加。

（3）临空墙大量增加。防护单元间隔布置时，中间防护单元的边界墙体大都是临空墙。防护单元集中布置时，只有防空地下室出入口周边墙体等是临空墙，整个防空地下室的临空墙很少，外墙的比例也较少。防护单元之间相邻的墙体为单元之间的分隔墙，其墙的厚度和配筋量都会减少很多。

（4）平战转换量增加。由于直接对外的战时出入口增加，口部的防护设备也相应增多；为方便平时功能需求设置的连通口，临战均需封堵，封堵时均需在防护密闭门外侧加设砂袋防护层，增加了很多临战转换的工作量。

（5）维护管理不方便。本来是一个整体的大的防空地下室，防空地下室的防护设备和内部设备平时维护管理都较方便，分隔布置后变成多个小的防空地下室，平时的维护管理的工作量自然会增大许多，也很不方便。

（6）工程造价增加。防空地下室的防护单元分隔布置后，增加了许多外墙和临空墙，也增加了战时口部工程量和防护设备等。经比较，工程造价一般需增加10%~15%，且施工也复杂得多。

综上所述，间隔式布置防空地下室各防护单元，不仅影响平时使用功能，增加造价，降低了社会效益和经济效益，而且维护管理不方便，战时防护效益也没有提高，是不合理、不经济和不方便的"三不"做法。

当然，对于大型居住小区或是大型商业综合体建筑，配建防空地下室的面积也很大，根据各地块功能条件和建设进度，将其分为2、3个小地块（或二期、三期）建设是很正常的，也符合防空地下室结建政策和实际需要的。分期建设时必须强调"同步建设""优先建设"的原则，原则上不允许将先期开发项目的应建人防面积延后至后期建设，但先期多建的人防面积可以冲抵后期的人防应建面积。

19. 当多层结建人防工程设计时，能将兼顾人防工程设置在核 6 级人防工程的下层吗？

多层防空地下室的核 6 级人防工程下层设置兼顾人防工程是不合理的。

兼顾设防工程一般指在城市建设项目中，依法履行修建人防工程之外的，以平时功能为主，通过适当增加战时功能的设计和平战转换措施，满足战时或临战时人民防空要求的地下建筑。兼顾设防工程的战时功能可为人员掩蔽、人员临时掩蔽、物资库、物资临时储备库、人民防空交通干（支）道等。防空地下室则依据《人民防空地下室设计规范》GB 50038—2005 第 3.1.9 条的规定，应首先满足战时的防护和使用要求，平战结合的防空地下室还应满足平时的使用要求。

防空地下室是在满足战时的防护和使用要求的前提下，兼顾平时的使用要求，兼顾设防工程是在满足平时功能的前提下，适当增加临时性的战时使用功能。从战时功能上，防空地下室的重要性远远高于兼顾设防。将担负更重要的战时防护职能的防空地下室放在更容易遭受打击，更容易被摧毁的外侧；将相对不重要的兼顾设防工程放在更安全的内侧，这种设计是不合理的。

通常情况下，承受较大核冲击波荷载的抗力等级高的人防工程设计在地下室的下层，抗力等级低承受荷载小的人防工程或兼顾设防人防工程设计在地下室的上层。在防核武器袭击作用方面，防空地下室一般有核 5 级、核 6 级和核 6B 级，兼顾设防一般是核 6 级和核 6B 级。因此不宜将承受较大核冲击波荷载的人防工程设计在地下室的上层，承受核冲击波荷载较低的兼顾设防人防工程设计在下层，以避免形成"头重脚轻"的人防工程而造成严重的附带毁伤。

将兼顾设防人防工程设计在上层，防空地下室设置在下层是正确的设计。由于兼顾设防的防护单元面积比防空地下室扩大一倍及以上，这个设计方法还有额外的好处。根据《人民防空地下室设计规范》GB 50038—2005 第 3.2.6 条第 3 款规定，多层的乙类防空地下室和多层的核 5 级、核 6 级、核 6B 级的甲类防空地下室，当其上下相邻楼层划分为不同防护单元时，位于下层及以下的各层可不再划分防护单元和抗爆单元。

第 2 章
出入口设计

20. 人员掩蔽工程的战时出入口总宽度如何确定？

人员掩蔽工程的出入口总宽度通过其战时掩蔽人数与百人疏散宽度指标相乘得到。

"人员掩蔽工程战时出入口的门洞净宽之和，应按掩蔽人数每100人不小于0.30m计算确定。"掩蔽人数应按照《人民防空地下室设计规范》GB 50038—2005第3.2.1条的规定，人均掩蔽面积1m²/人的面积标准确定。

空袭警报之后，地面上的待掩蔽人员紧急进入人员掩蔽工程的状态与火灾时地下车库内的人员紧急疏散的状态相类似，只是方向正好相反，前者向工程内疏散，后者向地面疏散。为使空袭警报后掩蔽人员能够在规定的时间内全部进入室内，《人民防空地下室设计规范》GB 50038—2005第3.3.8条规定：

（1）计入门洞净宽的出入口不包括竖井式出入口、与其他人防工程的连通口和防护单元之间的连通口；

（2）战时出入口的门洞净宽之和，应按掩蔽人数每100人不小于0.30m计算确定；

（3）每樘门的通过人数不应超过700人，出入口通道和楼梯的净宽不应小于该门洞的净宽。

[例]人员掩蔽工程的建筑面积2000m²时，按0.7的掩蔽率，可掩蔽1400人，需要的出入口总宽度为：1400（人）×0.3m/100（人）=4.2m，出入口总宽度不小于4.2m可满足要求。

21. 相邻人员掩蔽工程共用战时出入口时，通道和楼梯宽度如何计算？

两个相邻的人员掩蔽工程共用出入口时，通道和楼梯的净宽，可按两个掩蔽入口预定的通过人数之和计算确定，并未要求按两个掩蔽入口的净宽之和确定。

[例1]相邻的两个人员掩蔽工程，甲防护单元入口净宽1.0m，预计此出入口通过人数250人；乙防护单元入口净宽1.0m，预计此出入口通过人数200人。两个工程共用的出入口门洞宽度之和为2.0m，通行总人数450人，则通道和楼梯净宽应为：

450（人）×0.3m/100（人）=1.35m，小于门洞宽度之和。本工程当共用的通道和楼梯净宽≥1.35m 时，即可满足要求。

[例 2]相邻的两个人员掩蔽工程，甲防护单元入口净宽 1.5m，预计此出入口通过人数 500 人；乙防护单元入口净宽 1.2m，预计此出入口通过人数 400 人。两个工程共用的出入口门洞宽度之和为 2.7m，通行总人数 900 人，则通道和楼梯净宽应为：900（人）×0.3m/100（人）=2.7m，与门洞宽度之和一致。本工程当共用的通道和楼梯净宽≥2.7m 时，即可满足要求。

22. 当地下室负一、负二层为人防工程的不同防护单元时，其出入口的掩蔽人数的宽度上、下两层是否需要叠加计算？

防空地下室负一、负二层为不同防护单元时，其防护单元共用的出入口通道和楼梯的净宽，应按两掩蔽入口通过人数之和，即上下两层通过该出入口的人数叠加计算。

[例]上下两层的两个人员掩蔽工程，上层防护单元的出入口通道计划通行 500 人，对应出入口通道净宽为 1.5m；下层防护单元的出入口通道计划通行 400 人，对应出入口通道净宽为 1.2m。两个工程共用的出入口总通行人数应按上下叠加计算，为 900 人，对应的出入口通道宽度为 2.7m，即 900（人）×0.3m/100（人）=2.7m。当本工程共用的通道和楼梯净宽≥2.7m 时，即可满足要求。

23. 洗消间非人防门的墙体，可以采用普通填充墙吗（图 2-1）？

洗消间非人防门的墙体，宜采用钢筋混凝土墙体。

（1）洗消间非人防门的墙体，虽然不需要考虑防护功能的要求，但还是需要满足密闭功能的要求，密闭要求参见《人民防空地下室设计规范》GB 50038—2005 第 5.2.9 条附图 "（c）设洗消间的排风系统"；

（2）人防工程在冲击波作用下会引起强烈振动，普通填充墙在冲击波强振作用下会开裂而导致密闭功能丧失；

（3）洗消间是染毒区的房间，染毒后需冲洗，普通填充墙特别是砌块墙多为多孔结构，一旦染毒无法清洗。

24. 洗消间的脸盆设置在淋浴洗消之前还是之后？

洗消间的脸盆建议放在淋浴洗消之前，《人民防空地下室设计规范》GB 50038—2005 图 3.2.23 的脸盆设置位置不合理（图 2-2）。

洗消间是用于室外染毒人员在进入室内清洁区之前，进行全身消毒（或清除放射性沾染）的专用房间，由脱衣室、淋浴室和检查穿衣室三个房间组成。其中脱衣

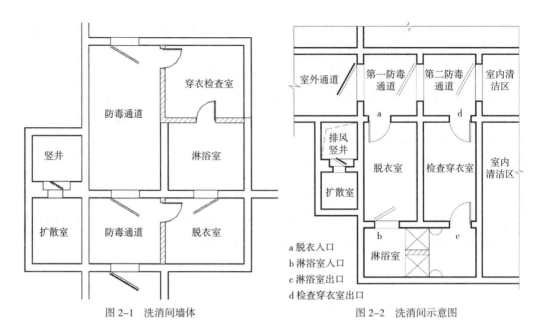

图 2-1　洗消间墙体　　　　　图 2-2　洗消间示意图

a 脱衣入口
b 淋浴室入口
c 淋浴室出口
d 检查穿衣室出口

室是供染毒人员脱去防护服及各种染毒衣物的房间；淋浴室是通过淋浴彻底清除有害物的房间，房间中不仅设有一定数量的淋浴器，而且设有同等数量的脸盆；检查穿衣室是供洗后人员检查和穿衣的房间。根据国外研究报告，染毒人员身上污染最严重的是身上的衣物，大约占 90% 的毒剂，以上 3 个房间，脱衣室是染毒最为严重的房间。

对战时进入工程的染毒人员，一般流程为在脱衣室内脱去衣服放入贮存袋内，对防毒面具进行局部洗消，然后进入淋浴室，再脱去面具，放入密封袋，进行淋浴，清洗完毕进入检查穿衣室，检查合格后穿上清洁衣物进入工程内。基于此流程，脸盆放在淋浴器之前更为合理，一是需要对防毒面具进行局部洗消，二是对脱衣过程中可能沾染毒剂的手、足、颈部等裸露皮肤进行局部洗消后再进去淋浴。先局部洗消再淋浴既可以降低毒剂对人员的伤害，又可以节约宝贵的水资源。

考虑个别洗消人员没能完全清洗干净，需要返回淋浴室局部洗消，对于条件允许的淋浴室，可在淋浴之后的位置保留一个脸盆，以节约战时用水。

25. 人防急救医院，其第二防毒通道和洗消间考虑担架通过吗？

急救医院的第二防毒通道和洗消间，应考虑担架通行（图 2-3）。

《人民防空医疗救护工程设计标准》RFJ 005—2011 第 3.2.7 条规定，急救医院的主要出入口应按通行担架设计。不同武器袭击，产生的伤员、伤类不尽相同，治疗要求各异。在常规武器空袭中，伤员的伤类一般为火器伤、烧伤、爆震伤和挤压伤等；在核袭击中，伤员不仅有烧伤、冲击伤、放射病的单一伤，还会有放、烧、冲等复合伤及放射性物质沾染；在生化武器袭击中，伤类、伤情亦相当复杂。急救医院的战时任务包含留治观察暂不宜后送的危重伤员，并且需要对危重伤员施行包括大血管修补或吻合手术，头部开颅手术，腹部脏器修补、吻合、造瘘或切除等手术。规范第 3.5.1 条明确，手术部应设置在清洁区内，且自成一区，丧失行动能力的危重伤员进入清洁区只能通过担架通行。因此《人民防空地下室设计规范》GB 50038—2005 第 3.3.23 条第 5 款规定："医疗救护工程的脱衣室、淋浴室和检查穿衣室的使用面积宜各按每一淋浴器 $6m^2$ 计，其他防空地下室的脱衣室、淋浴室和检查穿衣室的使用面积宜各按每一淋浴器 $3m^2$ 计。"就是考虑医疗救护工程的洗消间应考虑担架通行。

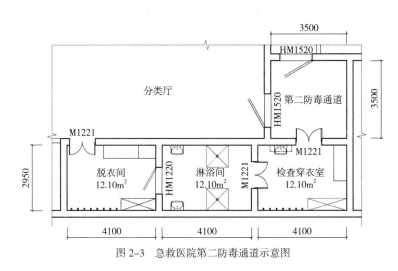

图 2-3　急救医院第二防毒通道示意图

26. 物资库的主要及次要出入口可以与别的防护单元合用吗？

物资库的次要出入口可以合用。主要出入口在满足《人民防空地下室设计规范》GB 50038—2005 第 3.3.1 条第 3 款规定，当出入口不少于两个（不包括竖井式出入口、防护单元之间的连通口）时，战时主要出入口是室外出入口（竖井除外），且符合以下条件之一的可在防护密闭门外与相邻防护单元共设一个室外出入口。

（1）物资库的相邻防护单位为人员掩蔽工程时；

（2）相邻防护单元同为物资库，且两个物资库的建筑面积之和不大于 $6000m^2$ 时（图 2-4）。

战时当城市遭到空袭后，尤其是遭核袭击之后，防空地下室的室内出入口极易被堵塞。因此对于那些空袭之后需要迅速投入工作的防空地下室，如物资库、消防车库、医疗救护工程等，更需要确保其战时出入口的可靠性。由于它们在空袭后需要立即使用的迫切程度有所不同，所以对其设置的严格程度，在提法上有所不同。

27. 防空专业队队员掩蔽部和防空专业队装备掩蔽部是否可以合用室外出入口？

防空专业队队员掩蔽部和防空专业队装备掩蔽部不能合用室外出入口。

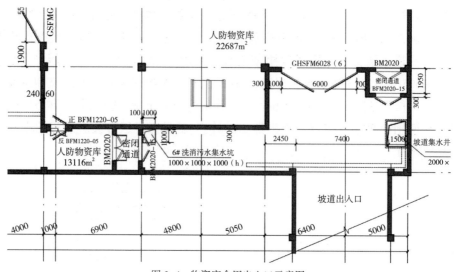

图 2-4　物资库合用出入口示意图

首先，在《人民防空地下室设计规范》GB 50038—2005 第 3.3.1 条第 3 款中规定了符合下列条件之一的两个相邻防护单元，可在防护密闭门外共设一个室外出入口。相邻防护单元的抗力级别不同时，共设的室外出入口应按高抗力级别设计：

（1）当两相邻防护单元均为人员掩蔽工程时或其中一侧为人员掩蔽工程另一侧为物资库时；

（2）当两相邻防护单元均为物资库，且其建筑面积之和不大于 6000m² 时。

所以对于防空地下室，除了以上两种情况，原则上是不可以共用室外出入口的。

此外，《车库建筑设计规范》JGJ 100—2015 第 4.2.8 条规定，"机动车库的人员出入口与车辆出入口应分开设置，机动车升降梯不得替代乘客电梯作为人员出入口，并应设置标识"。而且该条文也是该规范中仅有的两条强条之一。考虑战时执行任务时在紧张状态，人车共用出口是极容易出现通行人员与执行紧急任务的车辆碰撞的安全事故，所以防空专业队队员掩蔽部和防空专业队装备掩蔽部不能共用室外主要出入口。

28.3 个及以上同层相邻防护单元是否可以共用一个室外出入口吗？

3 个及以上同层相邻防护单元不可以共用一个室外主要出入口。

防空地下室一般无防常规武器直接打击的能力，主要利用口部分散设置的办法，尽可能避免一击多毁的情况发生。《人民防空地下室设计规范》GB 50038—2005 第 3.3.1 条第 3 款对于能够共用室外出入口的情况（人员掩蔽工程和人员掩蔽工程之间、人员掩蔽工程和物资库工程之间、物资库和物资库工程之间）已做了规定和限制，其他情况下，防空地下室都不允许两个及以上防护单元共用一个室外主要出入口。总建筑面积大于 6000m² 的两个及以上物资库，如果共用一个室外主要出入口，一旦该口被堵，里面大量的战备物资将不能及时利用，损失会比较大。规范也不允许这种情形出现，所以对于共用室外主要出入口的物资库，对其建筑总面积需要限制。

29. 当上下人防工程叠加时，下面不划分防护单元，下层需要几个室外出入口？

下层防空地下室不应少于一个室外出入口。

《人民防空地下室设计规范》GB 50038—2005 第 3.3.1 条规定，防空地下室战时使用的出入口，其设置应符合下列规定："防空地下室的每个防护单元不应少于两个出入口（不包括竖井式出入口、防护单元之间的连通口），其中至少有一个室外出入口（竖井式除外）。战时主要出入口应设在室外出入口（符合第 3.3.2 条规定的防空地下室除外）。"

当上下人防工程叠加，且下部人防工程的防护功能可合并成一个防护单元时，按条文规定可只设一个室外主要出入口。实际工程中，通常要根据设备，主要是通风专业的需要增加设置室外口（含竖井），数量一般由设备专业控制。如下部人防工程的战时功能为消防专业队装备掩蔽部的，室外车辆出入口不应少于两个；战时功能为中心医院、急救医院和建筑面积大于 6000m² 的物资库等防空地下室的，室外出入口不应少于两个。设置的两个室外出入口宜朝向不同方向，且宜保持最大距离，以尽量避免一个炸弹同时破坏两个出入口。

30. 位于负二层的人防工程是否可以借用负一层非防护区的主体（通行区域设防）连通至室外出口（该出口设防）？

[参考案例] 地下室共有 2 层，人防设置在负二层，利用负二层通至负一层的汽车坡道作为人员掩蔽工程（物资库）主要出入口，由于该汽车坡道在负一层通至室外的坡道改变位置，故人防疏散通道在负一层需经过汽车通行道转换到汽车坡道附近两侧直通室外的自行车坡道作为人防主要出入口（在该范围内增加人防荷载），详见图 2-5"地下车库负二层平面图"和图 2-6"地下车库负一层平面图"。如此设计是否可行？

参考案例所示的通道过长，影响战时疏散效率，不适合采用。对于负二层的人防工程借用负一层非防护区的主体连通至室外出入口的情况，在把握好以下几点的情况下是可以的：

（1）线路长度满足疏散距离要求,非防护区的通道长度建议参照上海市地方要求，不宜大于 20m；

（2）通行道的斜坡段以及通行道的水平段下部为非人防区时，通行道的正面应按人防顶板等效静荷载确定，反面按 50% 取值，通行道的支撑梁、柱按顶板等效静荷载值计算，通行道上方的顶板按防倒塌荷载确定；

（3）通行道的两侧不应布置砌体结构墙体；

（4）建筑图对上述完整线路做出明确标识。

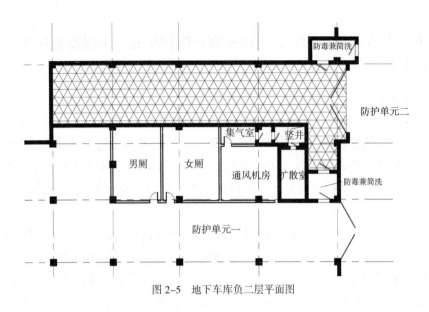

图 2-5　地下车库负二层平面图

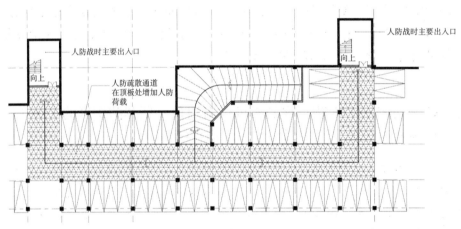

图 2-6　地下车库负一层平面图

31. 人防工程设在地下二层，地下一层为非人防，地面为一层商业用房，战时主要出入口可以设在地面建筑物内吗？

《人民防空地下室设计规范》GB 50038—2005 第 3.3.1 条规定，战时主要出入口应设在室外出入口，符合第 3.3.2 条规定的防空地下室除外。

规范第 2.1.24 条对室外出入口术语定义如下：通道的出地面段（无防护顶盖段）位于防空地下室上部建筑投影范围以外的出入口。按照该定义，从商业用房出来的口部在地面建筑物投影范围以内，不能算作是室外出入口。

规范第 3.3.2 条规定，符合下列规定的防空地下室，可不设室外出入口。

（1）乙类防空地下室当符合下列条件之一时：

①与具有可靠出入口（如室外出入口）的，且其抗力级别不低于该防空地下室的其他人防工程相连通；

②上部地面建筑为钢筋混凝土（或钢结构）的常 6 级乙类防空地下室，当符合下列各项规定时：

a）主要出入口的首层楼梯间直通室外地面，且其通往地下室的楼梯上端至室外的距离不大于 5.00m；

b）主要出入口与其中的一个次要出入口的防护密闭门之间的水平直线距离不小于 15.00m，且两个出入口楼梯结构均按主要出入口的要求设计。

（2）因条件限制（主要指地下室已占满红线时）无法设置室外出入口的核 6 级、核 6B 级的甲类防空地下室，当符合下列条件之一时：

①与具有可靠出入口（如室外出入口）的，且其抗力级别不低于该防空地下室的其他人防工程相连通；

②当上部地面建筑为钢筋混凝土结构（或钢结构），且防空地下室的主要出入口满足下列各项条件时：

a）首层楼梯间直通室外地面，且其通往地下室的楼梯上端至室外的距离不大于 2.00m；

b）在首层楼梯间由楼梯至通向室外的门洞之间，设置有与地面建筑的结构脱开的防倒塌棚架；

c）首层楼梯间直通室外的门洞外侧上方，设置有挑出长度不小于 1.00m 的防倒塌挑檐（当地面建筑的外墙为钢筋混凝土剪力墙结构时可不设）；

d）主要出入口与其中的一个次要出入口的防护密闭门之间的水平直线距离不小于 15.00m。

在高科技常规武器的空袭条件下，一般量大面广的乙类防空地下室并非敌人打击的目标，其上部地面建筑完全倒塌属于小概率事件。与甲类工程相比较，乙类防空地下室室外出入口的设置，在一定条件下可以适当放宽。对于低抗力的甲类防空地下室，当地面为商业建筑时确实会存在地下室基本占满红线，没有设置室外出入口的条件。在这种情况下，规范允许核 6 级、核 6B 级的甲类防空地下室，在满足上述规定的各项要求后，以室内出入口代替室外出入口。但这种做法是迫于上述情况做出的，对于甲类防空地下室而言，并不是一个合理的做法，因此各地的人防主管部门和设计人员还是要从严掌握。

32. 防空地下室室外独立式出入口能采用直通式吗？核 5 级防空地下室出入口门前通道长度如何确定？

防空地下室室外独立式出入口不宜采用直通式；核 5 级防空地下室防护密闭门门前通道的长度应根据出入口形式、宽度、防护密闭门的材质、城市位置、核早期核辐射的剂量限值等综合条件确定。

《人民防空地下室设计规范》GB 50038—2005 第 3.3.10 条明确，乙类防空地下室和核 5 级、核 6 级、核 6B 级的甲类防空地下室，其独立式室外出入口不宜采用直通式；核 4 级、核 4B 级的甲类防空地下室的独立式室外出入口不得采用直通式。

独立式室外出入口的防护密闭门外通道长度（其长度可按防护密闭门以外有防护顶盖段通道中心线的水平投影的折线长计，对于楼梯间、竖井式出入口可计入自室外地平面至防护密闭门洞口高 1/2 处的竖向距离，下同）不得小于 5.00m。

规范第 3.3.10 条还明确，战时室内有人员停留的核 4 级、核 4B 级、核 5 级的甲类防空地下室，其独立式室外出入口的防护密闭门外通道长度还应符合表 2-1、表 2-2 规定：

（1）对于通道净宽不大于 2m 的室外出入口，核 5 级甲类防空地下室的直通式出入口通道的最小长度应符合表 2-1 的规定；单向式、穿廊式、楼梯式和竖井式的室外出入口通道的最小长度应符合表 2-2 的规定。

（2）通道净宽大于 2m 的室外出入口，其通道最小长度应按表 2-2 的通道最小长度乘以修正系数 ζ_x，其 ζ_x 值可按下式计算：

$$\zeta_x = 0.8b_T - 0.6$$

式中　ζ_x——通道长度修正系数；

　　　b_T——通道净宽（m）。

[例] 某城市的海拔高程为 20m，某小区新建防空地下室的抗力等级为核 5 级常 5 级，战时功能为一等人员掩蔽所，A 防护单元的主要出入口是利用自行车坡道直通室外，通道净宽为 1.8m，第一道防护密闭门采用单扇钢筋混凝土活门槛防护密闭门，早期核辐射的剂量限值为 0.2Gy。根据规范要求和各项参数，查表 2-1 可以得到：A 防护单元的主要出入口门前通道最小长度为 5m，设计最后确定防护密闭门前通道长度取值为 10m，符合规范要求。

33. 位于架空层或上部建筑投影范围以内或部分位于建筑物内的楼梯式出入口或汽车坡道出入口，是否可以作为主要出入口？

位于架空层或上部建筑投影范围以内或部分位于建筑物内的楼梯式出入口或汽车坡道出入口，不可以作为主要出入口。

核 5 级直通式室外出入口通道最小长度（m）　　　　　　　　表 2-1

城市海拔（m）	剂量限值（Gy）	钢筋混凝土人防门	钢结构人防门
≤ 200	0.1	5.50	9.50
	0.2	5.00	7.00
> 200 ≤ 1200	0.1	7.00	12.00
	0.2	5.00	8.50
> 1200	0.1	9.00	15.50
	0.2	6.50	11.00

有 90° 拐弯的室外出入口通道最小长度（m）   表 2-2

城市海拔（m）	剂量限值（Gy）	防核武器抗力级别					
		钢筋混凝土人防门			钢结构人防门		
		5	4B	4	5	4B	4
≤ 200	0.1		6.50	8.00	7.00	9.00	12.00
	0.2		6.00	7.00	6.00	8.00	10.00
> 200 ≤ 1200	0.1	5.00	7.00	9.00	8.00	10.00	14.00
	0.2		6.00	7.50	6.00	8.00	11.00
> 1200	0.1		7.50	10.00	9.00	11.00	16.00
	0.2		6.50	8.50	7.00	9.00	13.00

注：1. 表中钢筋混凝土人防门系指钢筋混凝土防护密闭门和钢筋混凝土密闭门；钢结构人防门系指钢结构防护密闭门和钢结构密闭门；
    2. 甲类防空地下室的剂量限值按本规范表 3.1.10 确定。

位于架空层或上部建筑投影范围内的口部都不满足规范中对于室外出入口的定义，也不符合室外出入口的内涵。对于部分位于建筑物内的楼梯口或汽车坡道出入口，位于建筑内的楼梯或汽车坡道顶盖应进行结构计算，以抵抗预定武器打击；位于地面建筑以外部分，如果位于建筑倒塌范围之内，则应在进行防倒塌设计后，方能作为室外出入口。

34. 请问哪些情况下不允许汽车坡道作为主要出入口？

出口在地面建筑物倒塌范围内的汽车坡道，不适合作为战时主要出入口；经过地下车库楼面车道的非直通室外的汽车坡道不适合作为人员掩蔽、防空专业队工程主要出入口。一般直通室外的汽车坡道都是理想的室外主要出入口。当出地面段是在地面建筑倒塌范围以内时，需增加防倒塌棚架；当人防区设置在负二层及其以下各层时，可以将主要出入口的楼梯直通到负一层坡道的起坡处，然后利用负一层的车道出至室外。

汽车坡道一般具有以下特点：

（1）《机动车停车库（场）环境保护设计规程》DGJ 08—98—2016 第 4.1.1 条要求，社会停车库（场）车辆进出口与相邻环境敏感建筑物之间的距离不应小于 20.0m。其他机动车停车库（场）车辆进出口与相邻环境敏感建筑物之间的距离应符合下列要求：

①在城市区域环境噪声 1 类及以上功能区内，不应小于 10.0m；

②在城市区域环境噪声 2 类及以上功能区内，不应小于 8.0m。

（2）因此汽车坡道的出地面段一般在地面建筑物的倒塌范围以外，非常适合作为防空地下室的室外出入口。

（3）汽车坡道相对较宽，小型车库单车道不小于 4.0m，且坡度不大于 15%，相对于楼梯出入口，更有利于战时的紧急疏散。

35. 什么是密闭通道和防毒通道，二者有什么区别？

《人民防空地下室设计规范》GB 50038—2005 术语第 2.1.39 条，密闭通道指由防护密闭门与密闭门之间或两道密闭门之间所构成的，并仅依靠密闭隔绝作用阻挡毒剂侵入室内的密闭空间。在室外染毒情况下，通道不允许人员出入。

规范术语第 2.1.40 条，防毒通道指由防护密闭门与密闭门之间或两道密闭门之间所构成的，具有通风换气条件，依靠超压排风阻挡毒剂侵入室内的空间。在室外染毒情况下，通道允许人员出入。

最初是把人防工程各出入口，防护密闭门与密闭门之间或两道相邻密闭门之间的空间，统称为防毒通道。

后来因为战时主要出入口与次要出入口的性质有所区别，规范将设在战时人员主要出入口，有通风换气设施的称为防毒通道；设在次要出入口没有通风换气设施的防毒通道，改称为密闭通道。

二者主要区别为：①位置在主要出入口还是次要出入口；②有无通风换气设施；③战时是否允许人员出入。

36. 防毒通道没有连室外出入口是否合理？

防毒通道和室外出入口之间没有必然关联。一般情况下，防空地下室的防毒通道是结合战时主要出入口设置的，附近应有室外出入口（图 2-7）；电站等内部的防毒通道可不必结合战时主要出入口（图 2-8）。

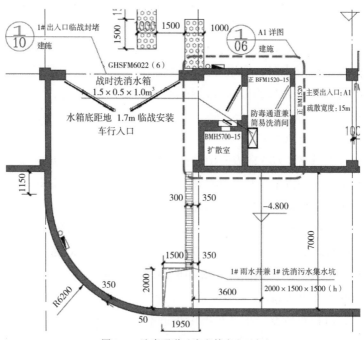

图 2-7　防毒通道（有室外出入口）

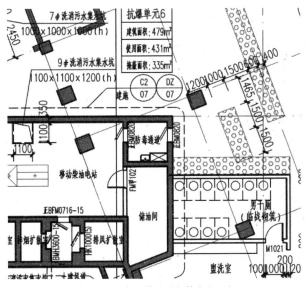

图 2-8　防毒通道（无室外出入口）

防毒通道在《人民防空地下室设计规范》GB 50038—2005 有明确的定义和规定：

第 2.1.40 条定义，由防护密闭门与密闭门之间或两道密闭门之间所构成的，具有通风换气条件，依靠超压排风阻挡毒剂侵入室内的空间。在室外染毒情况下，通道允许人员出入。

第 3.3.22 条则仅规定了防毒通道宜设置在排风口附近，并应设有通风换气设施。

37. 固定电站内的防毒通道没有设置在控制室与柴油机房之间，是否正确？

通向固定电站机房的防毒通道应设置在控制室内，方便战时管理的工作人员快速进入发电机房内，对发电机组进行抢修和维护管理（图 2-9）。

在《人民防空地下室设计规范》GB 50038—2005 第 3.6.2 条中明确规定：控制室与发电机房之间应设置密闭隔墙、密闭观察窗和防毒通道。在国家建筑标准设计图集《防空地下室固定柴油电站》08FJ04 中有示范参考图，防毒通道的位置在图纸中表示很清楚，控制室与发电机房之间的防毒通道是电站专用的。

固定柴油电站是按有人操作和值守来设计的，而发电机房内噪声很大，且为染毒区，是无人的。工作人员在控制室内值班，监守机组运行的工作状态，通过观察窗监视机组运行情况。当发电机房需要检查、维护、管理或一旦机组发生异常故障情况时，工作人员需要快速通过防毒通道进入机房内处理，清洁区范围内的其他无关人员不允许进入机房。

当滤毒式通风时，柴油机房是染毒的。工作人员进入机房前需穿戴防毒面具及防毒衣服的，这些器具存放在控制室内，穿戴后从防毒通道直接进入机房。防毒通道内有超压排风、换气、洗手盆等洗消设施，工作人员来回十分方便、迅速，有利

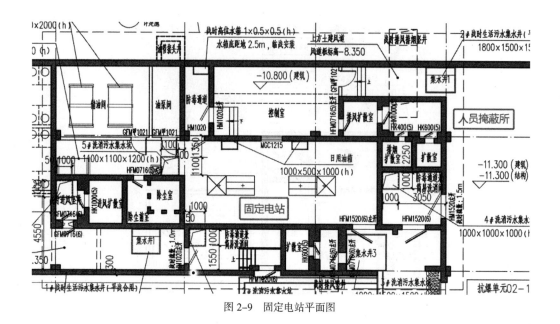

图 2-9　固定电站平面图

于操作及处理故障。若要工作人员出控制室,通过清洁区,再从防毒通道进入机房既不方便,也不安全。

38. 移动电站什么情况可以与人员掩蔽工程共用防毒通道?

当移动电站与人员掩蔽工程的主要出入口靠近时,可以借用人员掩蔽工程的防毒通道进入工程内的清洁区(图 2-10)。

《人民防空地下室设计规范》GB 50038—2005 第 3.6.3 条第 1 款规定,"移动电站与主体清洁区连通时,应设置防毒通道"。人员掩蔽工程的主要出入口设置有防毒通道,当移动电站与人员掩蔽工程的主要出入口靠近时,移动电站可以借用人员掩蔽工程的防毒通道进入工程。其设置类似连通口,在防毒通道与移动电站的连接处设置密闭门和密闭阀门即可。当二等人员掩蔽工程与移动电站共用防毒通道时,其房

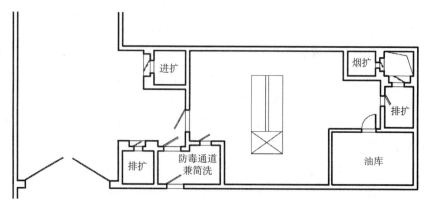

图 2-10　移动电站与人员掩蔽工程共用防毒通道

间布置如图 2-10 所示。如果与移动电站相邻的是一等人员掩蔽工程，则应从主要出入口第一防毒通道进入，其余做法类似。

39. 人防工程的主要出入口结合平时汽车坡道设置，疏散宽度为 2m，坡道宽度 7m，需要设置防倒塌棚架吗？

汽车坡道在上部建筑物倒塌范围之外的，不需要设置防倒塌棚架；在倒塌范围之内的，需要根据设定的人员疏散通道位置设置防倒塌棚架或防倒塌围栏。

设置倒塌棚架根本目的是防止人员疏散通道被堵塞，保证人员在空袭后可以正常通行。如图 2-11（a）所示设置战时人员疏散通道的，需要在车道上方设置防倒塌棚架；如图 2-11（b）所示设置战时人员疏散通道的，可不设防倒塌棚架，但是需要设置防倒塌围栏，防止地面建筑倒塌碎片从侧边进入战时人员疏散通道内，导致该口无法正常使用。

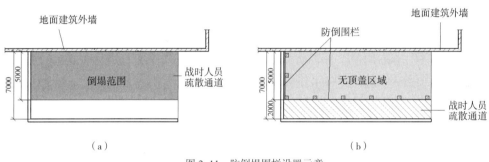

图 2-11　防倒塌围栏设置示意

防倒塌围栏应确保牢固可靠，立杆和栏网宜采用在受空袭后不易堵塞通道的金属材料，平时应做好围栏在坡道结构内的预埋。由于堆垒砂袋在核冲击波作用下容易倒塌影响通道，因此不宜采用临战堆垒砂袋作为防倒塌围栏。

设计人员在进行出入口设计时，应做好地面建筑物倒塌影响分析。当坡道地面敞口段旁边有多层或高层建筑物时，在核冲击波作用下，冲散掉落物多，全坡道都有可能受倒塌影响，则应设防倒塌棚架；当坡道地面敞口段只有单层建筑物时，倒塌影响只影响局部，不会造成坡道出口堵塞，则设防倒塌围栏即可。

40. 自动扶梯（自动阶梯）梯段是否可以作为人防工程的疏散楼梯使用吗？

自动扶梯（自动阶梯）梯段不能作为战时疏散楼梯使用。

自动扶梯是带有循环运行梯级，用于向上或向下倾斜输送乘客的固定电力驱动设备，由梯路（变形的板式输送机）和两旁的扶手（变形的带式输送机）组成。其主要部件有梯级、牵引链条及链轮、导轨系统、主传动系统（包括电动机、减速装置、制动器及中间传动环节等）、驱动主轴、梯路张紧装置、扶手系统、梳板、扶梯骨架和电气系统等。核武器爆炸时，在反应区内可达几千万摄氏度高温，瞬即发生耀眼的闪光，闪光过后紧接着形成明亮的火球，持续时间 1~3s，其表面温度可达六千摄氏度以上，接近太阳表面的温度。自动扶梯的金属构件表面的油漆和扶手橡胶在光辐射作用下会燃烧起火。核武器爆炸的第二个作用是空气冲击波，在冲击波作用下，自动扶梯的金属构件将会变形甚至坍塌。

自动扶梯的梯级宽度主要有 600mm、800mm、1000mm。梯级在乘客入口处作水平运动（方便乘客登梯），以后逐渐形成阶梯；在接近出口处阶梯逐渐消失，梯级再度作水平运动。在战时紧急疏散时，自动扶梯的阶梯过高过宽，不利于人员快速通行。

41. 移动电站受条件限制时，是否可以不设通往地面的发电机组运输出入口，具体又如何设计？

移动电站即使条件受限，也宜保证机组的进入不经过清洁区，从防护单元外部（或非防护区的室内口）直接进入机房。

《人民防空地下室设计规范》GB 50038—2005 第 3.6.3 条第 3 款规定："发电机房应设有能够通至室外地面的发电机组运输出入口。"条文说明中指出，"移动电站采用的是移动式柴油发电机组，一般是在临战时才安装。所以移动电站应该设有一个能通往室外地面的机组运输口，此条只规定应设有'通至'室外地面的出入口。因此当设'直通'室外地面的出入口有困难时，可以由室内口运输柴油发电机组。"无论是"室内口"还是"室外口"，都是主体与地表相连通，或与其他地下建筑的连接部分的部分（规范第 2.1.23 条），所以机组的进入不应经过主体其他部分。

在移动电站设计中，一台 135 系列的 120kW 的柴油发电机组，外形尺寸 2679mm×1020mm×1733mm，重达 2140kg。防空地下室的临战转换完成后，相邻单元之间的连通只能通过连通道或是一框两门的连通口进行连通。按照规范的要求，连通口的人防门门槛和门洞的宽度不考虑柴油发电机组的通行，因此柴油发电机组很难在工程内从一个防护单元搬运至另外一个防护单元。

在防空地下室设计中，无论是固定电站还是移动电站，为了方便柴油发电机组的搬运，一般都是结合作为室外出入口的汽车库汽车坡道设计。考虑有工程没有条件结合汽车坡道，规范并未限定不允许采用垂直吊装口。汽车吊、电动葫芦、手动葫芦等垂直吊装工具，都可以方便地从与室外地面相连的吊装口，将柴油发电机组吊运至地下室（图 2-12）。

在部分地区，考虑结合地下车库修建的防空地下室，防护单元间的内部行车道采用双向受力防护密闭门，在确保不增加临战转换工作量的前提下，允许临战借用防护单元间的内部通道，将柴油发电机组搬运到机房，此时发电机房可以不设通往地面的运输口。这种做法与规范的要求不一致，且考虑地下工程的平时用途可能发

图 2-12　移动柴油电站示意图

生变化而导致预定的搬运通道被堵塞，因此采用时需要进行论证且获得当地人防主
管部门的同意。

42. 口部建筑是否可以采用全钢筋混凝土结构形式？

作为战时主要出入口的室外出入口口部建筑不宜采用全钢筋混凝土结构形式。

核武器爆炸所造成的地面建筑破坏范围很大，为了保证作为战时的主要出入口
的室外出入口在空袭之后能够正常使用，需要采取措施避免在核袭击之后被倒塌物
堵塞。全钢筋混凝土的结构虽然相对坚固，但是一旦在核袭击之后倒塌，不仅会堵
塞战时主要出入口，而且非常难以清理。因此当出地面段位于倒塌范围之外时，其
口部建筑宜采用单层轻型建筑，容易被冲击波"吹走"，即便未被"吹走"，也能便
于清理。当出地面段位于倒塌范围之内时，为了保障在空袭后主要出入口不被堵塞，
在出地面段的上方应该设有防倒塌棚架。对于平时构筑的按防倒塌棚架设计口部建
筑，其墙体也宜采用与主体结构无可靠拉结轻型砌块；对于临战设置的装配式的防
倒塌棚架，除了防堵塞采取的必要措施外，一般也不砌筑墙体。

43. 当防空地下室位于地下二层及以下层时，是否还要满足"沿通道侧墙设置时，防护密闭门门扇应嵌入墙内设置"的要求？

不论防空地下室位于地下几层，都应满足《人民防空地下室设计规范》GB
50038—2005 第 3.3.17 条"当防护密闭门沿通道侧墙设置时，防护密闭门门扇应嵌
入墙内设置，且门扇的外表面不得突出通道的内墙面；当防护密闭门置于竖井内时，
其门扇的外表面不得突出竖井的内墙面"的规范要求（图 2-13）。这一方面有利于
防护，同时也有利于建筑的整体美观。

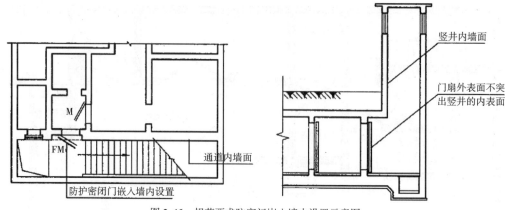

图 2-13　规范要求防密门嵌入墙内设置示意图
FM—防护密闭门；M—密闭门

《人民防空地下室设计规范》GB 50038—2005 第 3.3.17 条的条文说明指出："此条的各项规定都是为了避免常规武器的爆炸破片对防护密闭门的破坏。"防空地下室位于地下二层及以下层时，对于直通式出入口及无转折风道的竖井，若防密门门扇突出通道墙面，仍存在被室外常规武器爆炸破片损伤的可能，因此应按规范要求嵌入墙内设置或设保护门垛（楣）；对于有顶板和墙体完全遮挡不直接面向室外的防密门，则无不必要嵌入墙内或加门垛保护，可根据建筑需要沿通道侧墙设置。

44.防空地下室哪些出入口需要设置洗消污水集水坑（井）？

防空地下室各防护单元的主要出入口防护密闭门外通道和设置除尘滤毒设备的进风口的竖井或通道内应设置洗消污水集水坑（井）。

洗消污水集水坑（井）主要作用，当遭到化学袭击一段时间过后，室外染毒的浓度下降到允许浓度后，需要对防空地下室的主要出入口和进风口进行洗消，洗消污水应能很方便地汇集至污水集水坑（井），再使用移动电动泵或手摇排水泵将污水排出工程外，达到工程洗消目的。

《人民防空地下室设计规范》GB 50038—2005 第 3.4.10 条明确：防空地下室战时主要出入口的防护密闭门外通道内以及进风口的竖井或通道内，应设置洗消污水集水坑。洗消污水集水坑可按平时不使用，战时使用手动排水设备（或移动式电动排水设备）设计。坑深不宜小于 0.6m，容积不宜小于 $0.5m^3$。

在实际防空地下室设计中，因防空地下室都在地面以下，不能自流排水，需要在主体内相隔一定距离设置集水井，各口部也设置集水井，并用排水管道连通，形成整个地下室的排水系统，主体内的废水、消防水或污水等分别排至各口部集水井，当集水井内积水达到一定容积时，自动排水泵启动排至地表管网。战时主要出入口和进风口的洗消污水集水坑不单独设置，一般都是与平时的集水井结合设计，充分利用平时设置的集水井作为战时洗消污水集水坑，平战两用，非常方便也很合理。

45. 双扇人防门开启状态下对停车位有什么影响，如何解决？

平战结合人防工程的平时功能大多为地下车库，平时行车道处防护单元隔墙一般采用双扇防护密闭门的门式封堵的方式。由于防护密闭门有一定的厚度（约为150mm），门扇开启也达不到普通门的180°开启，导致影响邻近车位的顺利停放。图 2-14 和图 2-15 中所示人防密闭门是"双面受力的双扇人防门"，门扇的厚度为500mm（包括门扇上的开闭手柄的外露尺寸），最大可开启170°，因此在计算车位宽度时要考虑这个影响，可按以下方案之一布置车位：①靠门处车位更换成微型车位；②临近车位合并布置一个残疾人车位（图 2-14）；③布置隔油集水井等不宜停放车位的设施（图 2-15）。

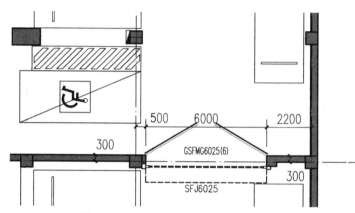

图 2-14　双扇人防门示意图（残疾人车位）

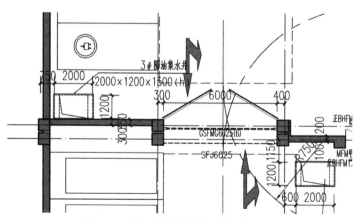

图 2-15　双扇人防门示意图（隔油集水井）

46. 同一道墙两樘人防门之间夹一樘甲级防火门，这样设计是否合理？

（1）民用建筑防火分区之间应采用防火墙分隔，确有困难时，可采用防火卷帘等防火分隔设施分隔。当连通口两侧为两个不同的防火分区时，中间应设置防火分隔，作为防火分隔的防火门或防火卷帘等应满足建筑设计防火规范的相关要求。

（2）现实设计中，这种做法不仅出现在这种单元间联通口，也包括人防区平时的疏散口一般也要采用这种做法，此时防火门需要定制。图 2-16 消防电梯前室下方采用一道防护密闭门＋一道密闭门的做法，一般为人防和非人防之间的双扇门封堵。图 2-16 下方和图 2-17 为两个不同防护单元之间的连通口，两侧为两道防护密闭门对开。

当然条件允许时，特别是这种出入口的通道上设置两樘门封堵的情况，建议人防门和防火分区的防火门不设在一道墙上，更利于施工。

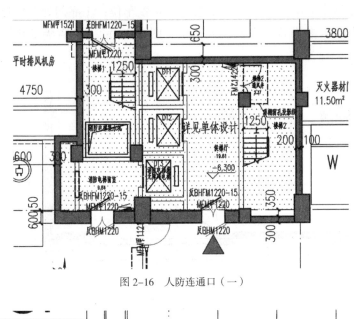

图 2-16　人防连通口（一）

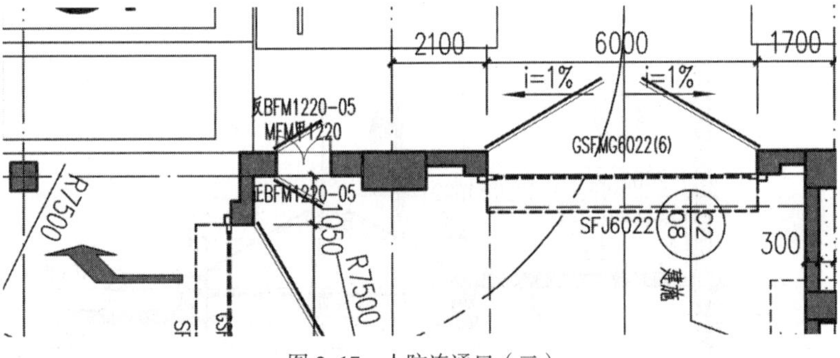

图 2-17　人防连通口（二）

47. 请问两个防护单元是否可以合用一个剪刀梯作为战时主要出入口？

两个防护单元可以合用一对剪刀梯作为战时主要出入口（图 2-19）。

剪刀梯也称为叠合楼梯、交叉楼梯或套梯。是同一楼梯间设置一对相互重叠，又互不相通的两个楼梯。最重要的特点是，在同一楼梯间里设置了两个楼梯，上下层之间的楼梯中间设有拐弯，三层楼的楼梯之间像一把剪刀。剪刀楼梯在平面设计中可利用较狭窄的空间，设置两部楼梯，这两部楼梯分属两个不同的防火分区，因而提高了建筑面积使用率。

　　剪刀梯是相互独立的出入口，无论是作为工程主要出入口，还是次要出入口（图 2-18）都是符合规范要求的。但是值得注意的是,当剪刀梯作为主要出入口使用时,不宜将两个防护单元合用一个楼梯，即四个防护单元合用一对剪刀梯。四个防护单元的主要出入口集中在一个地方，存在一次打击导致四个防护单元的主要出入口同时破坏的不利情况，与人防工程口部设计多点分散布置、提高生存能力的基本设计概念相违背。

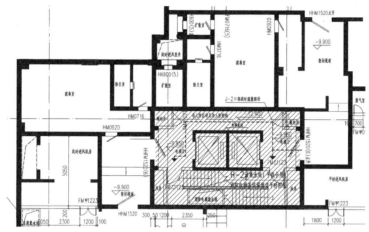

图 2-18　剪刀梯出入口（次要出入口）

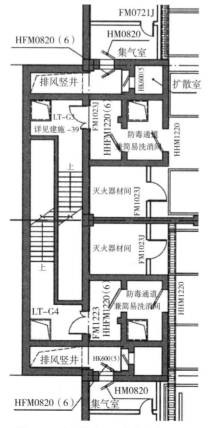

图 2-19　剪刀梯出入口（主要出入口）

48. 固定电站划为一个防护单元，是否需要设置两个出入口？

固定电站划分为一个防护单元，需要设置两个出入口，但是除了主要出入口之外，其他出入口对于是否直接通向地面不作要求。

《人民防空地下室设计规范》GB 50038—2005 术语第 2.1.63 和第 2.1.65 条，有别于区域电站，固定电站和移动电站都不能独立设置，而是设置在防空地下室内部的柴油电站。固定电站是发电机组固定设置，且具有独立的通风、排烟、贮油等系统的柴油电站。规范第 3.1.10 条明确，柴油电站属于战时室内有人员停留的防空地下室，且第 3.6.2 条规定，固定电站的柴油发电机房与控制室宜分开设置。因此规范第 3.3.6 条的附表 3.3.6（表 2-3），还分别对电站控制室和电站发电机房的出入口提出了不同防毒要求的人防门设置条件。电站控制室属于清洁区，出入口的防护门应设置防护密闭门和密闭门各一道；电站发电机房属于染毒区，可只设置一道防护密闭门（图 2-20）。

防护单元出入口人防门设置　　　　　　　　　　　　　　　表 2-3

人防门	二等人员掩蔽所、电站控制室、物资库、区域供水站	专业队装备掩蔽部、汽车库、电站发电机房
防护密闭门	1	1
密闭门	1	0

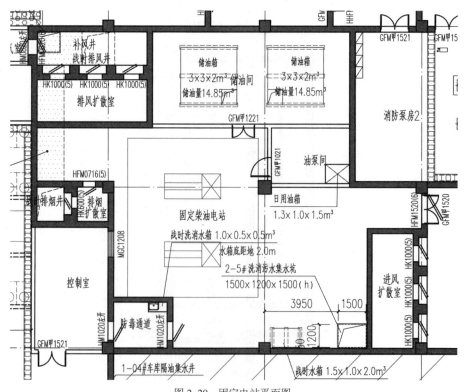

图 2-20　固定电站平面图

49. 固定电站主要出入口是否可以利用吊装口直通地面？

固定电站主要出入口应优先利用汽车坡道设置直通室外地面的发电机组运输出入口，确无条件时，可在非防护区设置吊装口（图 2-21）。

《人民防空地下室设计规范》GB 50038—2005 第 7.7.1 条规定，防空地下室的柴油电站应符合交通运输比较方便的选址要求。第 3.6.2 条则明确要求，当固定电站的发电机房确无条件设置直通室外地面的发电机组运输出入口时，可在非防护区设置吊装口。

固定电站的柴油发电机组长期置于地下，且一般不需要经常运行，如维护管理不好，机组容易锈蚀损坏。因此在设计固定电站时，不管是施工期间，还是平时的维护管理期间，都需要考虑机组的顺利进出。一般情况下，发电机房的出入口应优先结合地下车库的汽车坡道设计；当自行车坡道的转弯半径满足发电机的运输要求时，也可作为发电机房的出入口。确无条件，在非防护区设置吊装口也是常见而且是使用方便的设计，发电机可以通过汽车吊或是电动葫芦很方便地吊装。

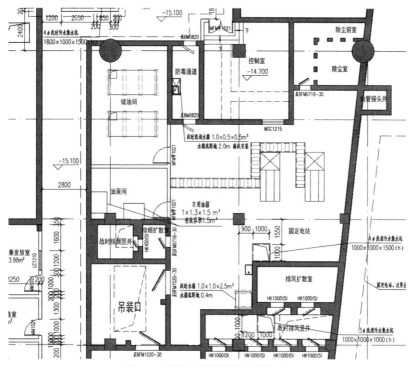

图 2-21　固定电站平面图（吊装口）

50. 防空专业队装备掩蔽部主要出入口是否可以选用楼梯出入口？

防空专业队装备掩蔽部主要出入口应为汽车坡道出入口，不可以选用楼梯出入口（图 2-22）。

　　防空专业队装备掩蔽部应是属于防空专业队队员掩蔽部的附属配套工程，战时执行抢险抢修、医疗救护、消防、防化防疫、通信、治安等专业队任务，一般应是二者组合在一起的工程，宜同步设计、相邻设置。它是人防专业队队员战时执行各项任务必须使用的车辆停放工程，而且车库是按轻型车的体形设计车道、车位。车道的出入口应为主要出入口，直通室外地面，若在倒塌范围内还应设置防倒塌棚架。

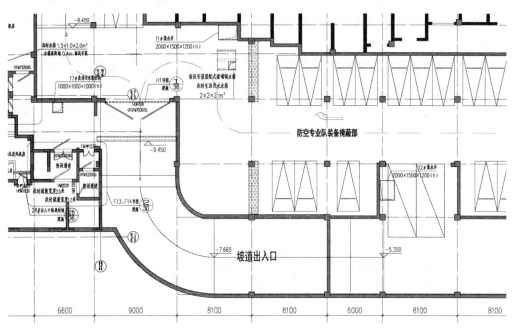

图 2-22　防空专业队装备掩蔽部主要出入口

51. 防护单元间的连通口主要作用是什么？

　　防护单元间的连通口主要作用是便于相邻单元之间的战时联系（图 2-23）。

　　《人民防空地下室设计规范》GB 50038—2005 第 3.2.10 条要求，两相邻防护单元之间应至少设置一个连通口，设置连通口主要作用是便于相邻单元之间的战时联系。

　　对于非防空专业队工程，当防化级别相同的两相邻防护单元完好时，连通口的

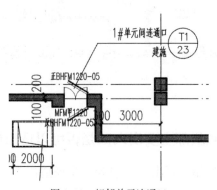

图 2-23　相邻单元连通口

主要作用是方便战时管理人员通行和物资交换。当外界染毒时，如果一个防护单元
被破坏了，不允许人员通过该连通口进入相邻防护单元，即使设置了洗消间或是简
易洗消设施。在有防化要求与无防化要求的两相邻防护单元之间应设置有洗消间的
连通口，譬如防空专业队的队员掩蔽部与装备掩蔽部之间应设置有洗消间的连通口
（图 2-24）。

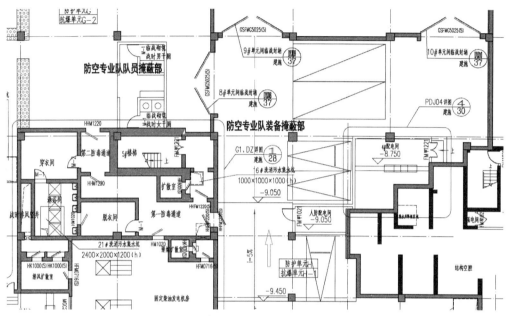

图 2-24　防空专业队队员掩蔽部与装备掩蔽部连通

52. 单元隔墙上是否可以只设一道防护密闭门作为平时通行口？战时关闭后不堆砂袋行不行？

相邻防护单元隔墙上设一道双向受力的防护密闭门是可以的，因为双向受力防
护密闭门闭锁机构比较特殊，可以承受两个相反方向的冲击波。如果选用的是普通
防护密闭门，则防护单元隔墙上只设一道门是不行的，必须在隔墙两侧各设一道门，
且抗力必须与设防标准匹配。

当防护单元间战时采用门式封堵或封堵板时，如果防护密闭门或封堵板的防护
级别达到设防标准要求的，可以不用堆砂袋（图 2-25）。

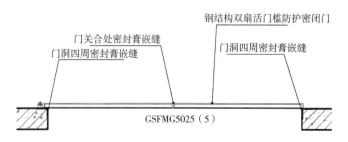

图 2-25　相邻单元平时连通口封堵

第 3 章
通风口设计

53. 扩散室和活门室有什么区别？

扩散室和活门室的主要功能和尺寸要求有区别。

扩散室是利用其内部空间来削弱进入冲击波能量的房间，主要用于削弱冲击波余压，同时方便防爆波活门和管道连接。当工程仅靠防爆波活门达不到消波要求时，需设扩散室进一步消波使工程达到总的消波要求。扩散室有明确的消波要求，设计时需要通过计算确定其内部空间尺寸以满足消波要求，而且连接管道还有"1/3"距离要求。

活门室是用于安装防爆波活门的小室，主要是为了方便防爆波活门的安装，同时方便防爆波活门和管道连接。因活门室也是防爆波活门后的一个突然扩大的空间。虽然活门室大多数情况下是有消波作用，但工程设计时其消波作用是作为余量来考虑的，所以其消波作用不作具体要求，尺寸也不需要根据消波要求计算确定，根据防爆波活门和连接管道安装要求确定即可，连接管道也没有"1/3"距离要求。

54. 如何选用 HK 系列的防爆波活门？

建筑专业在选用 HK 系列的防爆波活门时，首先要根据暖通专业提供的需要通过防爆波活门的风量，具体为工程主体平时通风量，进、排风系统的清洁式通风量和柴油电站进、排风量及排烟量，然后再根据工程的防护等级、该防爆波活门所在口部样式确定冲击波在活门上可能达到的作用压力，最后从表 3-1 中选定合适的型号。选型时还需注意工程主体进、排风系统的清洁式通风量和柴油电站进、排风量及排烟量不能超过表中安全区最大风量，工程主体平时通风量不宜超过平时门洞最大通风量。

以表 3-1 中 HK600（X）为例，600mm 表示悬板活门门扇上的孔洞通风面积折算为圆管截面积时对应的管径，其安全区最大风量（有时称为额定风量或战时最大通风量）对应的风速约为 8m/s。表 3-1 中 A 平时门洞最大通风量指该门式活门门扇全开，门洞中的风速约为 8m/s 时的风量；B 平时门洞最大通风量指该门式活门门扇全开，门洞中的风速约为 10m/s 时的风量。从通风角度，门洞的风速不宜大于 8m/s。

如常用的 HK600（6），悬板活门门扇上的孔洞通风面积为 0.2827m²，折算为圆管截面积时对应的管径为 600mm，其安全区最大风量为 8000m³/h，按通风面积 0.2827m² 计算的风速为 7.86m/s。其平时门洞最大通风量为 25000m³/h，按门洞尺寸 620×1400 计算的风速为 8.00m/s。

常用悬板式活门性能参数　　　　　　　　　表 3-1

型号	通风管径（mm）	安全区最大风量（m³/h）	门洞尺寸（宽 × 高）（mm × mm）	A 平时门洞最大通风量（m³/h）	B 平时门洞最大通风量（m³/h）
HK400（X）	Φ400	3600	440×800	25000	12672
HK600（X）	Φ600	8000	620×1400	25000	31248
HK800（X）	Φ800	14500	650×2000	37400	46800
HK1000（X）	Φ1000	22000	850×2100	51400	64260

55. 扩散室宽高比校验对防空地下室安全性影响体现在什么地方？

扩散宽高比不合理，会导致后接风管余压过大，超出设备能承受的允许余压。另外不按规范要求设置的扩散室尺寸，活门＋扩散室的消波系统的余压不能采用《人民防空地下室设计规范》GB 50038—2005 附录 F 的公式校验。

《人民防空地下室设计规范》GB 50038—2005 第 3.4.7 条规定：

扩散室应采用钢筋混凝土整体浇筑，其室内平面宜采用正方形或矩形。乙类防空地下室扩散室的内部空间尺寸可根据施工要求确定，甲类防空地下室的扩散室的内部空间尺寸应符合本规范附录 F 的规定，并应符合下列规定：

（1）扩散室室内横截面净面积（净宽 b_s 与净高 h_s 之积）不宜小于 9 倍悬板活门的通风面积。当有困难时，横截面净面积不得小于 7 倍悬板活门的通风面积；

（2）扩散室室内净宽与净高之比（b_s/h_s）不宜小于 0.4，且不宜大于 2.5；

（3）扩散室室内净长 l_s 宜满足下式要求：

$$0.5 \leq \frac{l_s}{\sqrt{b_s h_s}} \leq 4.0$$

该条文不仅对高宽比有规定，还对其截面形状和横截面积做了规定，主要原因是从受力角度来看，截面宽高比越小，各向受力越均匀，受力越好。其次，扩散室室内横截面净面积（净宽 b_s 与净高 h_s 之积）相对通风面积越大，扩散效果越明显，尤其是对于常规武器的冲击波。第三，扩散室存在复杂的反射叠加效应，扩散内各点压强不同，且是动态变化的。目前扩散室的余压及后接风管的位置都是在有限条件下通过实验与理论计算得出的结果，如果超出此范围，很难确定扩散室的设计是否合理。如果扩散室的截面是非正方形矩形、凹凸形、L 形等非规则形状的话，是不适宜采用规范的计算公式的，所以实际工程中，扩散室的形状一定要尽可能地规则。

综上，对于扩散室的设计，尺寸校验是非常重要的一环，只是在实际设计中因为对于工程整体而言，它实在太小了，导致很多人对此忽视了。

56.扩散室后墙上开洞安装油网滤尘器是否符合规范规定?

不宜在扩散室后墙上开洞安装油网滤尘器。

扩散室是防空地下室消波系统的重要组成，其内存在复杂的反射叠加效应，扩散内各点压强不同，且是动态变化的，尤其是后墙反射压强最大，即使扩散室整体余压满足要求，也不代表安装油网滤尘器处压强满足要求，尤其是后墙。扩散室的大小和墙体上设施应严格按规范设置，除按规定位置和方式设置的风管及活门外，无其他洞口。扩散室后的余压是在特定位置和设施处工程内的点位测出的，如无可靠的实验测试验证，不可根据活门消波后其空间内余压值判定结果将油网滤尘器设置在扩散室墙体上。

57.扩散室计算是哪个专业来设计?

扩散室一般由建筑专业负责设计，但应经其他几个专业复核。

（1）结构专业。扩散室防冲击波性能能否满足工程要求，高等级的人防工程应计算消波，常规的五六级防空地下室按照规范选取做法即可。

（2）暖通专业。①根据战时清洁式进、排风量选择扩散室的防爆波活门型号；②如平战合用，还需复核平时风量通过门洞的风速是否满足要求；③要复核暖通接管尺寸，如为扩散室后墙接管，弯头能否满足 1/3 要求。

（3）最后建筑专业结合工程实际情况，确定扩散室的长宽高比、净高、净宽等要求。

目前常规工程设计中，建筑专业一般可以根据经验来设计，暖通专业复核，结构专业随建筑方案设计墙体配筋即可。

58.物资库的进风口、排风口，需要做扩散室吗?

一般情况下，物资库的进风口、排风口可不设扩散室（图 3-2）。

先从规范上来分析：

（1）《人民防空地下室设计规范》GB 50038—2005 第 5.2.1 条规定"2 战时为物资库的防空地下室，应设置清洁通风和隔绝防护，滤毒通风的设置可根据实际需要确定"；

（2）《人民防空地下室设计规范》GB 50038—2005 第 5.2.8 条规定"3 设有清洁、隔绝两种防护通风方式，进风系统应按原理图 5.2.8c 进行设计"；

（3）《人民防空地下室设计规范》GB 50038—2005 第 3.4.4 条规定"人防物资库等战时要求防毒，但不设滤毒通风，且空袭时可暂停通风的防空地下室，其战时进、

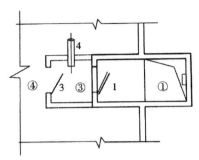

图 3-1　主体要求防毒的通风口
1—防护密闭门；3—普通门；4—通风管
①通风竖井；③集气室；④室内

排风口或平战两用的进、排风口可采用'防护密闭门 + 密闭通道 + 密闭门'的防护做法（图 3.4.4a）"；如图 3-1 所示。

　　对于人防物资库是否设消波设施最好不要一概而论，一般情况下，物资库储存的物资没有温湿度控制的要求，库内也不需要常设管理人员，从成本节约角度，可不设消波设施；当物资库存放食品、药品等特殊物资时，这些物资有温湿度要求，且库内有管理人员，应设消波设施。因此在规范标准没有明确的情况下，人防主管部门在建设物资库时，应明确物资库储存物资的种类和相应工艺要求，这样设计单位在设计物资库时就有依据，可以根据物资存放的要求确定是否设置消波设施。

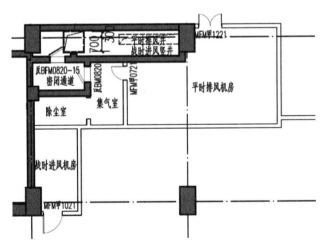

图 3-2　物资库进风口设置实例

59.战时排风机房是否可以与扩散室紧邻设置，排风风管直接通向扩散室？

　　战时排风机房不应与扩散室紧邻设置，排风风管应通过简易洗消间或防毒通道通向扩散室（图 3-3）。

　　（1）从建筑防化的设计角度，排风扩散室的墙体是防护密闭隔墙，也是防毒隔墙。在早期工程改造时发现，排风管穿墙处预埋套管下方的混凝土因浇筑混凝土时振捣困难，容易导致蜂窝麻面，从防化角度这是个漏毒点。扩散室通风管道所在防护密闭墙不宜作为清洁区的隔墙，因此不宜与清洁区排风机室相邻。

（2）从通风防化的设计角度，根据《人民防空工程防化设计规范》RFJ 013—2010 的规定，图 3-3 所示的密闭阀门 A 至扩散室的管段内壁染毒或存在高放射性沾染，所以这个阀门和管段不能设在清洁区内，而是设在简易洗消间或防毒通道等允许染毒区。

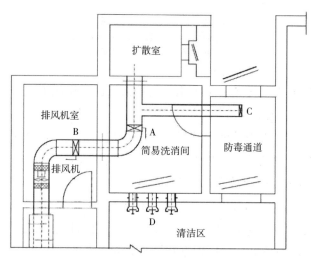

图 3-3　简易洗消间排风示意图

60. 人防地下室室内进、排风活门前一定要加防堵塞铁栅吗？什么条件下可以不加防堵塞铁栅？

人防地下室在室内出入口设置的进、排风活门，在防爆波活门外侧的上方楼板结构未按防倒塌设计时应均加防堵塞铁栅（图 3-4）。

《人民防空地下室设计规范》GB 50038—2005 第 3.4.5 条："医疗救护工程、专业队队员掩蔽部、人员掩蔽工程、食品站、生产车间以及电站控制室等战时有洗消要求的防空地下室，其战时排风口应设在主要出入口，其战时进风口宜在室外单独设置。对于用作二等人员掩蔽所的乙类防空地下室和核 5 级、核 6 级、核 6B 级的甲类防空地下室，当其室外确无单独设置进风口条件时，其进风口可结合室内出入口设置，但在防爆波活门外侧的上方楼板结构宜按防倒塌设计，或在防爆波活门的外侧采取防堵塞措施。"

（1）战时排风口

规范要求医疗救护工程、专业队队员掩蔽部、人员掩蔽工程、食品站、生产车间以及电站控制室等战时有洗消要求的防空地下室，其战时排风口应设在主要出入口，规范 3.3.1 条（强条）又明确，战时主要出入口应设在室外出入口，所以排风活门凡是安装在室外出入口的，就不需要在防爆波活门的外侧加设防堵塞铁栅；主要出入口虽不是室外出入口，但防爆波活门外侧的上方楼板、墙体结构已按防倒塌结

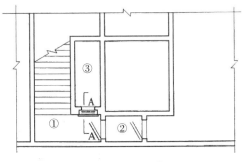

①楼梯间；②密闭通道；③扩散室

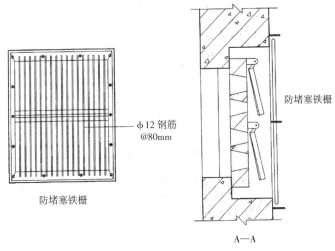

φ12 钢筋
@80mm

防堵塞铁栅

防堵塞铁栅

A—A

图 3-4　进、排风口防堵塞铁栅

构设计，则防爆波活门的外侧也不需要加设防堵塞铁栅；若主要出入口不是室外出入口，防爆波活门外侧的上方楼板、墙体结构等也未按防倒塌结构设计，则防爆波活门的外侧必须加设防堵塞铁栅。

（2）战时进风口

规范要求宜在室外单独设置，在实际防空地下室工程设计中有以下几种情况：

①战时进风口采用竖井直通地面的，防爆波活门的外侧不需加设防堵塞铁栅。

②战时进风口采用室内楼梯间设置，楼梯间均采用了防倒塌结构设计，防爆波活门的外侧也不需加设防堵塞铁栅。

③因不是主要出入口，不少设计人员利用室内楼梯间设置战时进风口，楼梯间也没有进行防倒塌结构设计，此时的防爆波活门的外侧应加设防堵塞铁栅（图 3-4）。这种情况很常见，也是防空地下室施工图设计中存在非常多的问题。

核武器爆炸所造成的地面建筑破坏范围很大，城市遭受核袭击后，即使是进、排风口在地面建筑的倒塌范围之外，但仍然存在倒塌物在冲击波作用下掉入出入口而堵塞防爆波活门的可能性。考虑加设防堵塞铁栅的成本很低，对防空地下室的整体造价影响非常小且施工工艺简单，而对于防空地下室的战时防护能力则是多了一道保险，建议设计人员在设计进、排风活门时均加设防堵塞铁栅。

61. 柴油电站进风口与人员掩蔽所排风口的水平距离是否需满足《人民防空地下室设计规范》GB 50038—2005 第 3.4.2 条的 10m 要求?

独立设置的柴油电站进风口与人员掩蔽所排风口的水平距离应满足《人民防空地下室设计规范》GB 50038—2005 第 3.4.2 条的 10m 要求;附属设置的各类人防电站可不考虑这条规范的要求。

根据《人民防空地下室设计规范》GB 50038—2005 第 3.6.2 条第 1 款的规定,控制室和人员休息室、厕所等应设在清洁区内;规范第 5.7.6 第 2 款要求,当柴油电站独立设置时,控制室应由柴油电站设置独立的通风系统供给新风,且应设置滤毒通风装置。

当柴油电站独立设置时,需要安排专业人员值守,所以控制室和人员休息室需要有独立设置的通风系统给予新风供给。此时对于电站的进风系统,必须要满足规范第 3.4.2 条的规定要求,即电站的进风口与人员掩蔽所排风口的水平距离应满足 10m 要求。

62. 安装油网滤尘器的墙体采用砌体墙是否满足防护要求?

安装油网滤尘器的墙体类型宜采用钢筋混凝土墙体。

油网滤尘器是通风管路上的一种粗滤器,战时能过滤粗颗粒的爆炸残余物,平时能过滤空气中较大颗粒的灰尘。核武器爆炸产生时,如安装油网滤尘器的墙体采用砌体结构,砌体墙会因为核爆炸的强烈震动而出现裂缝,导致毒剂泄露。

防化为丙级及以上工程,油网滤尘器安装于通风系统前端染毒区的位置。因为滤尘器及其前方安装空间存在一定的余压,做了防水处理的砌体虽然也可以满足防毒的要求,但砌体墙更容易出现裂缝导致毒剂渗漏。此外,滤尘室是染毒区,染毒后需洗消才能使用,钢筋混凝土墙洗消更方便。

防化等级为丁级的工程,例如人防综合物资库,仅清洁通风和隔绝防护,油网滤尘器设置在清洁区,可用普通砌体墙。

无防化要求的柴油电站、汽车库等,如果设置油网滤尘器,放置于染毒区内,采用砌体墙即可。但考虑柴油电站进风口处的余压问题,采用钢筋混凝土墙比砌体墙体更可靠。

63. 集气室与除尘室的功能有何区别?

除尘室是防空地下室战时放置油网滤尘器的房间,其内一般设置钢筋混凝土隔墙用以安装油网滤尘器,如图 3-5 所示扩散室的左侧房间。集气室则是防空地下室平时通风系统中风口与内部通风管道的过渡段,如图 3-5 所示的竖井右侧房间。

平战结合的防空地下室,平时通风量和战时通风量差异较大,所以平时通风系统和战时通风系统一般分开设置。基于防空地下室战时防护密闭要求,与战时无关的风口均需临战关闭，采用这种做法可快速实现平时通风系统的关闭，实现工程战时功能的快速转化。工程平时使用时，外界气流通过竖井，经由集气室进入进风机房，通风管设置在集气室墙壁上。战时关闭集气室左侧 2 樘人防门，气流从左侧扩散室流入工程内部，实现战时通风。

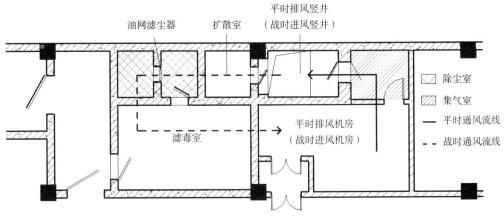

油网滤尘器　扩散室　平时排风竖井（战时进风竖井）

滤毒室　平时排风机房（战时进风机房）

除尘室
集气室
平时通风流线
战时通风流线

图 3-5　除尘室与集气室示意图

64. 除尘室余压需要设防护密闭门防护吗？

除尘室余压可按密闭门进行防护。

扩散室防爆波活门的消波效果相对较差，导致扩散室内的余压较大，这些压力会通过油网滤尘器传到除尘室内。尽管在结构计算时，一般不考虑密闭门有抗力，但密闭门本身具备一定的抗冲击波能力，特别是对于余压较小的低抗力，人防工程除尘室设置密闭门完全可以达到要求。考虑检修用的防护密闭门和密闭门的价格相差无几，对工程造价的影响可以忽略不计，为了保证工程内人员与设备的安全，设置防护密闭门有利于提高整个工程的防护能力（图 3-6）。

65. 扩散室、除尘室检修门应选用防护密闭门 [HFM0716（5）] 还是密闭门（HM0716）？

扩散室的检修门，要根据其位置，并综合考虑对于冲击波与毒剂的防护而确定。如图 3-7（a）所示，扩散室检修门开向滤毒室，属于染毒区，但滤毒室染毒程度与扩散室是不相同的，需要设置一道密闭门，用以抵抗扩散室内的余压并阻止毒剂进入滤毒室。如图 3-7（b）所示，扩散室的检修通过竖井进入，此时设置普通门即可。

除尘室的检修门则选用密闭门即可。因为该处余压已降至安全值，主要考虑除尘室与滤毒室染毒情况可能不同，需要用密闭隔墙加密闭门进行分隔。

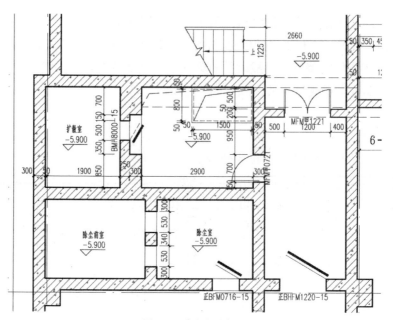

图 3-6　除尘室示意图

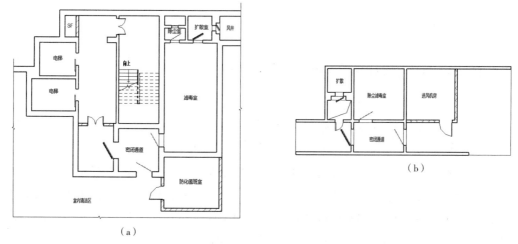

图 3-7　扩散室检修门设置示意

66. 扩散室、除尘室、滤毒室的人防门，开启方向是否有内外之分？

滤毒室的密闭门可不考虑开启方向，扩散室的防护密闭门和除尘室的密闭门宜开向扩散室（图 3-7）。

除尘室、滤毒室的密闭门开启方向要看具体位置，规范中的内外主要是基于冲击波的来向。密闭通道一侧设置的滤毒室的密闭门原则上开启方向不受限制，但应优先开向滤毒室方向。该门如果开向通道，门扇打开状态下，对通道的通行有影响，但是滤毒室内部的滤毒设备安装空间不受影响。该门如果开向滤毒室内，对通道的通行没有干扰，但是当滤毒设备和管道发生泄漏时，密闭门对泄露的冲击波余压可起到一定的防护作用。基于滤毒设备和管道可能泄露的冲击波微乎其微，一般不考虑其对密闭门的作用，因此可根据实际情况确定滤毒室通向密闭通道处密闭门的开启方向。

　　由于扩散室、除尘室等房间存在一定量的冲击波余压，扩散室的防护密闭门和除尘室的密闭门宜开向扩散室。如图 3-8 所示。

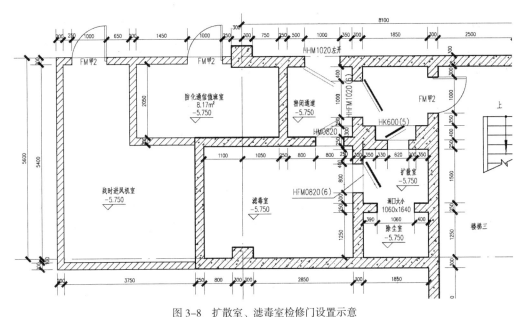

图 3-8　扩散室、滤毒室检修门设置示意

67. 滤毒室等战时进风房间是否可以结合竖井式备用出入口的密闭通道布置？

　　进风口部可以结合竖井式备用出入口，如图 3-9 所示。

　　《人民防空地下室设计规范》GB 50038—2005 第 3.3.19 规定：备用出入口可采用竖井式，并宜与通风竖井合并设置，竖井的平面净尺寸不宜小于 1.0m×1.0m。与滤毒室相连接的竖井式出入口上方的顶板宜设置吊钩。通风竖井通常设置在室外，不容易被上部的倒塌物堵塞。当竖井设置在地面建筑倒塌范围以内时，其高出室外地

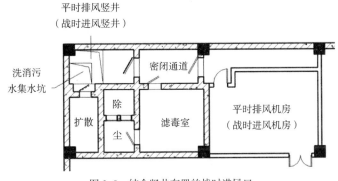

图 3-9　结合竖井布置的战时进风口

平面部分还应采取防倒塌措施。竖井内壁设置钢爬梯后，即可以满足备用出入口的要求，满足战时更换过滤吸收器的操作人员的通行需求。

68. 通风竖井是否应设置钢制爬梯？

如图 3-10 所示。通风竖井根据类型与用途分为排烟竖井、正压风井、排风竖井、新风井、补风井、排油烟井等，是否设爬梯应跟竖井承担的功能有关。以下功能的通风竖井有功能要求的竖井应设爬梯，并且满足人行的要求。

（1）战时备用竖井式出入口

根据《人民防空地下室设计规范》GB 50038—2005 第 2.1.33 条：竖井式出入口为防护密闭门外的通道出入端从竖井通至地面的出入口。第 3.3.19 条提及用作备用出入口的竖井（图 3-12），其平面净尺寸不宜小于 1.0m×1.0m。

（2）竖井作为疏散口

根据《建筑设计防火规范》GB 50016—2014 第 5.5.5 条：除人员密集场所外，建筑面积不大于 500m²、使用人数不超过 30 人且埋深不大于 10m 的地下或半地下

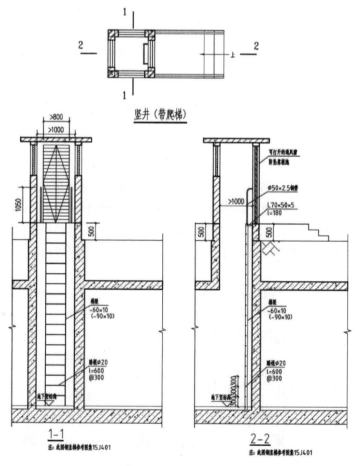

图 3-10　通风竖井示意图

建筑（室），当需要设置 2 个安全出口时，其中一个安全出口可利用直通室外的金属竖向梯。

（3）施工及人防设备检修竖井

检修竖井主要用于防爆波活门的检修及维护保养出入的竖井；施工竖井根据《人民防空工程施工及验收规范》GB 50134—2004 第 5.5.2 条：土方运输应符合下列规定：施工竖井应设置人行爬梯，严禁人员乘坐吊盘出入。

69. 多层防空地下室上下相邻层为一个防护单元时，是否需要在各层分别设置进、排风系统？

多层防空地下室上下相邻层为一个防护单元时，可不必分层设置进、排风系统。

多层防空地下室上下相邻层为一个防护单元时，按规范要求只需设置一套进、排风系统即可。在实际设计中，如只设一套进、排风系统，难以兼顾上下层的通风。当风量、风压不能合理分配以满足超压排风等要求时，可因地制宜增设进、排风系统。

70. 为什么悬板活门需要嵌墙设置？

为保证冲击波正向作用于悬板活门，防止冲击波侧向作用，悬板活门应嵌墙设置（图 3-11）。

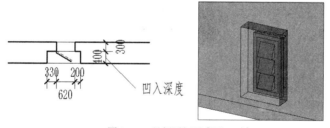

图 3-11　悬板活门示意图

当防空袭警报拉响之后，需要将悬板活门紧急关闭，此时是靠悬板活门上的小悬板门进行有限的通风。小悬板门靠弹簧机构支撑处于开启状态，类似于建筑的上悬窗，当冲击波正面作用在上面时，悬板门能迅速关闭，阻挡冲击波，起到防护作用；当冲击波从侧面作用时，小悬板门关闭过慢，冲击波会从小悬板门和活门之间的缝隙进入扩散室，造成扩散室内的余压过大，损坏工程内部的通风设备或其他防护设备。嵌墙设置悬板活门，可以保证冲击波无论从正面还是侧面作用，都会正面作用在活门上面，以确保悬板门迅速关闭，起到防护效果。

71. 人防竖井内的防护密闭门是否可以突出墙面？

人防竖井内防护密闭门不宜突出墙面，如果不具备条件需突出墙面时，应设置保护门楣，门楣出挑宽度不宜小于 200mm（图 3-12）。

《人民防空地下室设计规范》GB 50038—2005 第 3.3.17 条规定，当防护密闭门设置于竖井内时，其门扇的外表面不得突出竖井的内墙面。防护密闭门靠橡胶条达到密闭的作用，当门扇的外表面突出竖井的内墙面时，在竖井顶部爆炸的常规武器的爆炸破片将会破坏橡胶条，导致防护密闭门失去密闭的效能。

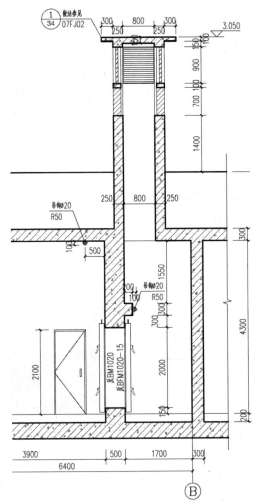

图 3-12　竖井内防护密闭门示意图

72. 专业队装备掩蔽部是否需要设置扩散室，防止染毒气体渗透至其他单元？

专业队装备掩蔽部可不设扩散室，当设置扩散室时，应在通风管道上增设一道密闭阀门。

（1）队员掩蔽部清洁式通风时，防空专业队队员掩蔽部为清洁区为正压，防空专业队装备掩蔽部为负压。

（2）队员掩蔽部滤毒式通风时，防空专业队队员掩蔽部为清洁区为超压排风，仍为正压；防空专业队装备掩蔽部室内外隔绝，为隔绝式防护，且装备部不设插板阀，没有循环气流，压力必定也低于人员掩蔽所。

（3）队员掩蔽部隔绝防护时的内循环通风时，防空专业队装备掩蔽部仍室内外隔绝，为隔绝式防护，且装备部不设插板阀，没有循环气流，进而不产生压力，这时队员掩蔽部和装备掩蔽部是不考虑人员连通的。

可以看出，装备掩蔽部不存在装备部内有毒气体向相邻人防单元渗透的可能。如考虑为连通口开启时，气流由队员掩蔽部向装备掩蔽部超压排风，进而造成装备掩蔽部超压，但连通口也仅是应急情况下开启，并不会在滤毒式通风时一直开启，超压造成的影响并不会很大。

73. 人防电站是否需要设置独立的滤毒通风系统？

当柴油电站与有滤毒通风系统的工程连成一体时，由该工程为控制室提供新风，不需要设置独立的滤毒通风系统（图 3-13）；当柴油电站独立设置时，或者与无滤毒通风系统的工程连为一体时，应该设独立的滤毒通风系统向控制室供风。

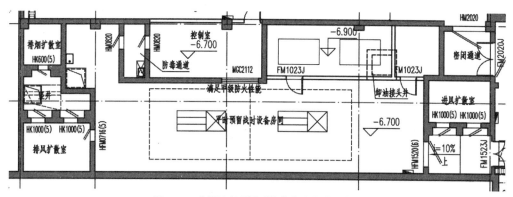

图 3-13　共用滤毒通风系统的柴油电站示意图

《人民防空地下室设计规范》GB 50038—2005 第 5.7.6 条规定：

（1）当柴油电站与防空地下室连成一体时，应从防空地下室内向电站控制室供给新风；

（2）当柴油电站独立设置时，控制室应由柴油电站设置独立的通风系统供给新风，且应设滤毒通风装置。

柴油电站是否设置滤毒通风系统，是根据上述两条原则决定的。当柴油电站与有滤毒通风系统的工程连成一体时，可由该由工程为控制室提供新风，单独再为控制室设置独立的滤毒通风系统既浪费又不合理。但是，当柴油电站独立设置时，或者与无滤毒通风系统的工程连为一体时，则必须要设置独立的滤毒通风系统向控制室供风。

74. 人员掩蔽所主要出入口的排风扩散室和同一防护单元内的柴油电站排风扩散室可以合用吗？

人员掩蔽所战时人员主要出入口的排风扩散室不能与同一防护单元内柴油电站的排风扩散室合用，如图 3-14 所示。主要有以下原因：

（1）战时清洁式通风时，两个排风系统同时排入一个扩散室内，人员掩蔽所的风机不仅可能空转排不出去风，而且柴油电站排出的废气还会倒灌至人员掩蔽所内。

（2）滤毒式通风或隔绝式通风时，人员掩蔽所是全工程超压排风或依靠进风机进行内循环通风，风量小。而电站是连续排风，排风风量大，染毒的排风可能向人员掩蔽所倒灌，造成人员掩蔽区染毒。

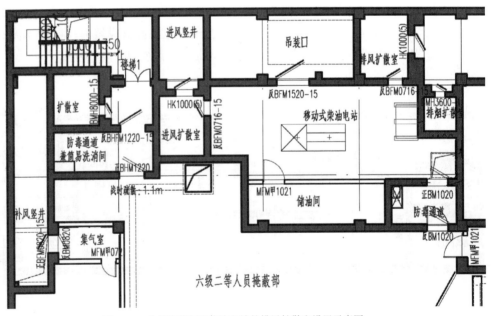

图 3-14 人员掩蔽所和柴油电站的排风扩散室设置示意图

75. 战时更换过滤吸收器能否从竖井进入密闭通道？

战时进风口宜结合楼梯、坡道等出入口设置，方便战时过滤吸收器的搬运；确实不具备以上条件的，可结合竖井设置，但设计时需考虑过滤吸收器的搬运措施（图 3-9）。

防空地下室的滤毒设备通常选用 RFP-1000 型过滤吸收器，RFP-1000 型过滤吸收器尺寸为 870mm×623mm×623mm，重量约为 150±10kg。设在工程外绿地上的进排风竖井的百叶窗底部离室外地坪约 500mm，如与平时排风口合用，则百叶窗离地高度约 2000mm。在战时缺少铲车等工程机械设备辅助的工况下，仅通过人力和手动葫芦等简易设施将重达 150kg 的过滤吸收器通过竖井和密闭通道送入滤毒室存在一定的困难。如果不能通过楼梯、坡道等途径进入密闭通道，则过滤吸收器宜考虑在临战转换时存放在滤毒室或是密闭通道中不影响通行的位置。

作为一个有经验的设计师，设计成果应保证工程建设竣工后不给将来的使用人员留下任何麻烦。将进、排风竖井作为设备运输通道、途经密闭通道进入滤毒室更换过滤吸收器，井深梯陡，加之操作人员身穿防化服搬运设备比较困难。所以设计师在进行防空地下室设计时，尽量避免过滤吸收器的更换需要从竖井进入；如果确需从竖井操作更换过滤吸收器时，应注意竖井尺寸及上部通风百叶窗洞尺寸，不宜小于 1000mm × 1000mm，且应在竖井上顶板设置吊钩以方便吊出。

第 4 章

主体建筑设计

76. 医疗救护站和300m² 的固定电站合并为一个防护分区，总面积是 1799m²，是否符合规范要求？

按照《人民防空医疗救护工程设计标准》RFJ 005—2011 第 3.1.4 条表 3.1.4 的要求，掘开式的医疗救护站防护区最大建筑面积是 1500m²（表 4-1）。当医疗救护站和固定电站合并后的防护分区建筑面积为 1799m² 时，与此规定不符。

《人民防空医疗救护工程设计标准》RFJ 005—2011 相比《人民防空地下室设计规范》GB 50038—2005 第 3.2.1 条规定（表 4-2），医疗救护工程在 1000m² 的面积要求上增加了 500m²，主要是考虑到需要增加移动电站和空调室外机防护室的需求，同时也考虑了医疗救护房间因医疗设备及救护功能的需要而适当增加了面积，所以不应再超过规范要求的面积控制标准。

掘开式人防医疗工程的工程规模   表 4-1

工程名称	防护区最大建筑面积（m²）	防护区有效面积（m²）
中心医院	4500	2500~3300
急救医院	3000	1700~2000
救护站	1500	900~950

注：中心医院、急救医院的防护区有效面积含电站，救护站不含电站

防护单元建筑面积   表 4-2

工程类型	医疗救护工程	防空专业队工程		人员掩蔽工程	配套工程
		队员掩蔽部	装备掩蔽部		
防护单元建筑面积（m²）	≤ 1000	≤ 4000		≤ 2000	≤ 4000

77. 医疗救护站工程是否需要设置固定电站？

设计人员应该按《人民防空医疗救护工程设计标准》RFJ 005—2011 附录 A 表

A.0.3 救护站房间最小使用面积及主要设施的规定进行设计，避免设置固定电站。

医疗设备发展的趋势是电子化、小型化、低能耗，若将医疗房间面积增大，势必增加房间空调机组的容量，造成用电量的较大增加，因此控制设计规模很重要。以上海地区为例，到目前为止医疗救护站的用电负荷还没有出现需要配置固定电站的情况。

如确实同时配置医疗救护站和固定电站，则应分别设置成 2 个防护单元，即医疗救护站和固定电站为 2 个独立防护单元。

78. 设置柴油电站的人员掩蔽工程，其防护单元面积能否超 2000m² ？

设置电站的人员掩蔽工程，其防护单元面积不得超过 2000m²。

《人民防空地下室设计规范》GB 50038—2005 术语第 2.1.17 条是这样解释防护单元的："在防空地下室中，其防护设施和内部设备均能自成体系的使用空间。"第 3.2.6 条表 3.2.6（表 1–3）防护单元、抗爆单元的建筑面积（m²）中规定：人员掩蔽工程的防护单元面积是 ≤ 2000m²。全国各地人防主管部门对防护单元的解释有所不同，主要是对第一道防护密闭门以外出入口通道面积如何计算的区别。工程设计原则上不允许超规范规定的建筑面积标准，人员掩蔽工程配套设置的柴油电站一般有以下三种情况：

（1）设置移动电站的，移动电站的建筑面积应纳入该人员掩蔽工程的防护单元面积指标内。移动电站是人员掩蔽工程不可分割的一个重要部分，与人员掩蔽工程同属一个防护单元。

（2）设置固定电站，固定电站与人员掩蔽工程合为一个防护单元的，固定电站的建筑面积也应纳入该人员掩蔽工程的防护单元面积指标内。

（3）设置固定电站，固定电站为独立防护单元的，其建筑面积可以单独计算。

有设计人员在工程设计时，为了满足人员掩蔽所的建筑面积不超标，不管电站是否与人员掩蔽所同属一个防护单元，将电站作为独立防护单元单独计算建筑面积，这是不正确的。

79. 柴油电站的结合设置是否必须与工程内最高抗力的防护单元结合，规范依据是什么？

柴油电站的抗力级别应与其供电范围内的最高抗力级别防护单元相一致。如与工程内其他防护单元结合设置，应设置在供电范围内抗力级别最高的单元内；如单独设置，其抗力级别不低于供电范围内最高抗力级别的防护单元。

（1）《人民防空地下室设计规范》GB 50038—2005 第 7.7.8 条柴油电站平战转换要求的条文说明中指出，"柴油电站的设置是防空地下室的心脏设备"。"心脏"的重要性不言而喻。如果电站不是其供电范围最高抗力等级的工程，战时极有可能出现其保障的工程未被破坏，但电站却破坏了，导致工程因电力供应问题战时无法使用的情况。

（2）《防空地下室移动柴油电站》07FJ05 第 5 页，"移动电站设计说明"第 1.16 条，"柴油电站的防护等级应与所供负荷的最高防护单元等级一致"。

（3）《全国民用建筑工程设计技术措施—防空地下室》2009JSCS—6 第 6.7.1 条，防空地下室电站的选址第 2 款，"宜与主体建筑相结合设置，并应满足防护要求。当供多个不同等级的防护单元时，电站的抗力级别应与其供电范围内工程最高抗力级别相一致"。

从电站本身的功能来看，同一地块相邻人防工程设有不同等级的人防工程时，共用的人防电站应设置在高抗力等级的人防工程内，同时可向低等级人防工程供电。当高等级人防工程遭受到核武器或常规武器攻击，工程受到破坏，那低等级的人防工程可能损坏程度更厉害。相反，当低等级人防工程遭受到核武器或常规武器攻击，工程受到破坏，高等级的人防工程不一定受损。电站设置在高等级的人防工程内，若低等级人防工程遭破坏，不会影响高等级人防工程的继续用电。反之，电站设置在低等级人防工程内遭破坏，则高、低等级人防工程全没有电了。

所以，无论从规范、图集、技术措施的要求，还是柴油电站本身的作用分析，电站都应与所供负荷的最高防护单元等级一致。例如当抗力级别为核 5 级、常 5 级和抗力级别为核 6 级、常 6 级的人防工程由同一电站供电时，柴油电站应该设置在核 5 级、常 5 级人防工程内。

80. 柴油电站与防空专业队工程合建时，是否应结合队员掩蔽部，或者也可结合装备掩蔽部设置？

不管是移动电站还是固定电站，均宜放置在队员掩蔽部内，以便电站控制室的通风及发电机组的维护和管理。

战时地面电力系统电源极不可靠，是遭受打击的首要目标之一，随时会造成城市的局部或是区域的大面积范围停电。柴油电站是人防工程的心脏设备，在战时需要全面了解和控制柴油发电机组的运行状况，譬如固定电站要求设置密闭观察窗以随时了解柴油发电机组的运行情况（图 4-1）。防空专业队装备掩蔽部战时是允许染毒的，假设电站与装备掩蔽部合建，机组维护人员战时就需要在染毒的装备掩蔽部待命，这是不合适的；如机组维护人员在队员掩蔽部待命，一方面是无法及时了解柴油发电机组的运行情况，另一方面柴油发电机组出现故障时需要穿越装备掩蔽部才能进入柴油电站，麻烦且不安全。

81. 人防工程内同时设置人员掩蔽所和物资库，附设的固定电站应与何种类型的防护单元连接或合并一个单元设置？

当固定电站为独立防护单元时，可与各种类型的人防工程连接；当固定电站与

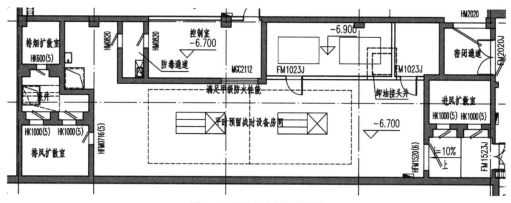

图 4-1　固定电站密闭观察窗

人防单元合并为一个防护单元时，应优先与人员掩蔽所结合；当固定电站与物资库合并为一个防护单元时，需增设防毒通道和滤毒通风系统。

独立防护单元的固定电站可与各种类型的人防工程连接，但电站控制室与相邻单元的清洁区必须采用人防连通口形式连通，电缆应从连通口内与各防护单元中敷设连接。

与二等人员掩蔽所防护单元结合设置的固定电站。由于电站控制室也是清洁区，需要设有三种通风方式，因此首先应选择与设有防化丙级（具有三种通风方式）的人员掩蔽所相结合，合并一个防护单元。电站控制室与人员掩蔽所单元共用一个通风系统，电站控制室与机房之间的防毒通道，在滤毒式通风时，其防毒通道的换气风量由人员掩蔽所超压送风供给。

与人防物资库单元结合的固定电站。由于物资库防化等级是丁级，没有三种通风系统，主要是没有滤毒式通风，防毒通道形不成超压，因此必须要为防毒通道增设一套滤毒通风系统。详见《防空地下室固定柴油电站》08FJ04 图集。

一般情况下，人防物资库工程较少单独修建，较为常见的是与人员掩蔽工程组合成较大型的人防防护综合体。在这种情况下，将固定电站与物资库相结合设置显然不可取，还是应与人员掩蔽防护单元结合设置，保障人员掩蔽所的战时用电。

82. 固定电站开向物资库的人防门有什么设置要求？

当固定电站与物资库同属一个防护单元时，则与二等人员掩蔽所和电站同属一个防护单元的防毒通道做法一致，一般为通道两端各设一道密闭门，门开向电站。

当电站发电机房与物资库通过防毒通道连通时，物资库应单设滤毒通风设备，将滤毒新风送至防毒通道，保证防毒通道的超压满足防化指标要求。

如果分属两个独立的防护单元，电站控制室与物资库之间的门属于单元间连通口的门，应设一墙双门，且均为防护密闭门，防护密闭门的抗力等级应与被保护一侧防护单元的抗力等级相同，见《人民防空地下室设计规范》GB 50038—2005第 3.2.10 条。

83. 防护单元之间的连通口可以开在风机房内吗？

防护单元之间的连通口不能开在风机房内。

《人民防空地下室设计规范》GB 50038—2005 虽然没有明确地规定防护单元之间的连通口不可以开在风机房内，但是相邻两个防护单元之间设置连通口的目的是便于相邻防护单元之间的战时联系。人防工程风机房设计的基本原则是在最小空间范围内合理设置风机、通风管道、配电控制箱等设备设施，一般空间都较小，没有考虑人员和物资通行的要求；从使用功能上讲，风机房有其专门的用途，如果附加了其他功能，对风机房的使用效果会造成影响；从使用效果角度，人防工程常用的战时风机噪声很大，不能保持风机房的门常开以满足通行要求。综上所述，设计师在设计人防工程时要从全局出发，不可随意做功能的叠加，在风机房内叠加相邻防护单元的战时连通功能是不可取的。

84. 人防移动电站（战时用）是否可以布置在平时为人员密集场所的上一层、下一层或贴邻？

人防移动电站采用的是移动式柴油发电机组，一般是在临战时才安装，平时不使用，对上一层、下一层或贴邻的平时人员密集场所没有实质性影响，因此可以根据战时需要确定位置。

人防移动电站应满足战时向周围防护单元供电的需求，应有与周围防护单元最高防护能力相一致的抗力等级，因此人防移动电站设置的位置应紧邻最高抗力等级的防护单元和战时用电需求量最大的防护单元。

为了人防移动电站的柴油发电机组出入方便，《人民防空地下室设计规范》GB 50038—2005 第 3.6.3 条第 3 款规定，发电机房应设有能够通至室外地面的发电机组运输出入口。人防移动电站的设置位置需紧邻机动车或非机动车坡道，当没有条件紧邻机动车、非机动车坡道设置或在地下多层设置时，应设置发电机组的吊装口，保证发电机组有直通地面的出入口。

85. 独立防护单元的固定电站，密闭观察窗不具有防护性能，如何界定防护单元边界？

密闭观察窗不具备防冲击波性能，只有防毒密闭作用。密闭观察窗不能设置在防护单元隔墙上，不能作为防护单元之间的分隔墙体。

当固定电站作为一个独立防护单元设计时，密闭观察窗两侧的房间应属于同一个防护单元。为便于观察发电机组的工作效率，应在发电机房与控制室之间的墙上设置密闭观察窗。该墙为密闭隔墙，具有防毒密闭性能，因此应由钢筋混凝土整体浇筑，该墙上开设的洞口应设置具有相等防毒密闭性能的密闭观察窗。

如何界定固定电站防护单元边界：一个完整的固定电站防护单元一般是将控制室（四面墙体均为钢筋混凝土结构）合围在内，固定电站边界封闭合围而成的钢筋混凝土墙体就是防护单元的边界。

发电机组出入是通过直通地面出入口（或吊装孔）出入；控制室与发电机房的出入是由控制室与发电机房之间设置的防毒通道出入；其他防护单元与控制室相邻的墙体也应设钢筋混凝土墙体，控制室出入其他防护单元处应按防护单元之间连通口的设置方式，设置一墙双防护密闭门，分别开向各自防护单元。由于一墙双门不便于控制室的出入，一般应设置一个密闭通道，两端各设一道抗力等级符合要求的防护密闭门，同时为满足防火要求，在其一端还需设置一道常闭的甲级防火门。

86. 当上下相邻楼层划分为不同防护单元时，位于下层及以下各层是否可以不再划分防护单元？

当上下相邻楼层划分为不同防护单元时，位于下层及以下各层按《人民防空地下室设计规范》GB 50038—2005 第 3.2.6 条第 3 款规定可以不再划分。

该条规范规定：

（1）上部建筑的层数为十层或多于十层（其中一部分上部建筑可不足十层或没有上部建筑，但其建筑面积不得大于 200m² ）的防空地下室，可不划分防护单元和抗爆单元（注：位于多层地下室底层的防空地下室，其上方的地下室层数可计入上部建筑的层数）。

（2）对于多层的乙类防空地下室和多层的核 5 级、核 6 级、核 6B 级的甲类防空地下室，当其上下相邻楼层划分为不同防护单元时，位于下层及以下的各层可不再划分防护单元和抗爆单元。

防空地下室主体中划分防护单元的最主要目的是战时常规武器袭击时，避免大范围杀伤。当防空地下室上部建筑的层数为十层或多于十层时，由于楼板的遮挡，可以不考虑遭炸弹破坏，所以十层以上的高层建筑下方的防空地下室可以不划分防护单元。当上层为防空地下室时，同样由于上层防护单元的遮挡，下层及以下各层防护单元可参照上部建筑的层数为十层或大于十层的工况，战时不考虑常规武器破坏。在具体设计时，主要有以下三种情况（图 4-2）。

对于图 4-2（a）防护单元设置情况，下层的防护单元可不划分防护单元和抗爆单元。但是当下层的防护单元面积过大时，存在通风组织不当造成战时使用困难的问题，所以应增设通风滤毒设备来满足战时通风的要求。

对于图 4-2（b）防护单元设置情况，下层的防护单元可不划分防护单元和抗爆单元。但是上层的防护单元有部分底板下方为非防护区，存在该区域防护单元的底板被核爆炸冲击波破坏的可能，所以这种情况不满足规范要求。

对于图 4-2（c）防护单元设置情况，当上层非防护区的面积小于 200m² 时，下层的防护单元可不划分防护单元和抗爆单元；当上层非防护区的面积大于 200m² 时，

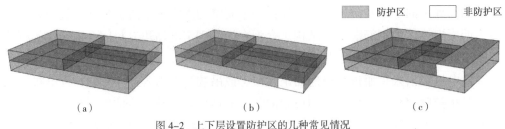

图 4-2　上下层设置防护区的几种常见情况

位于非防护区下部的防护区域应单独划分防护单元，其他部分可不划分防护单元。

87. 当上下两层为 1 个防护单元时，应注意哪些设计要点？

上下两层为 1 个防护单元的人防工程，一般是小型人防地下室或是下沉广场周边小区域地下室，一层面积太小，上下二层面积合在一起适合作为 1 个防护单元时，才将其合并，目的是有效利用地下室的面积。但临空墙多，通风管道多，不够经济。设计一个上下二层为 1 个防护单元时应注意下列问题：

（1）应当注意主要出入口和次要出入口在平面位置上应分开设置，不能利用同一部楼梯（只有两个战时出入口时），且平面位置尽量远离，宜大于 15m；

（2）上下通风组织要合理，要建立内部进排风竖井，确保通风无死角；

（3）应注意边墙（临空墙）的设计，上下层的边墙应尽量对齐；

（4）出入口通道或楼梯间的临空墙应加强设计，尤其是楼梯间上下两层的墙均为临空墙，其厚度和强度应符合规范要求。

88. 二等人员掩蔽所的防护单元面积不大于 2000m²，有没有最小限值？是否不宜小于 1000m²？

二等人员掩蔽所的防护单元建设没有最小面积限制的明确设计要求。

根据《上海市结合民用建筑修建防空地下室配建面积标准》规定"应配建或可配建人防面积小于 1000m²，建设单位可提出缴纳民防工程建设费申请"；江苏省 2019 年11 月 13 日发布的《江苏省人民防空工程建设使用规定》（省政府令 129 号）第十一条规定"按照规定标准应建人防工程面积小于 1000m²"，"经人防主管部门批准，建设单位按照国家规定缴纳防空地下室易地建设费"；也有其他省、直辖市和自治区的人防工程建设管理规定，当应建或可配建人防工程面积小于 800m² 时，可以易地建设。

从人防工程建设经验和技术经济比较分析，如果一个独立建设的人防工程防护单元面积小于 800m² 或 1000m² 时，该工程除去人防工程的出入口、防护设施及辅助用房面积后，其有效的掩蔽面积就很少了，此类人防工程建设的效费比太低，各地人防主管部门为了提高人防工程建设的效费比，才规定应建或可配建人防工程面积小于 800 或 1000m² 时，可以易地建设。

89. 二等人员掩蔽所需要设置必要的物资储存空间吗?

建议二等人员掩蔽所设置满足本防护单元战时人员掩蔽需求的物资储存空间。

现行《人民防空地下室设计规范》GB 50038—2005 和其他一些人防工程设计规范、标准明确地给出了生活、饮用水水量标准,在设计人员掩蔽工程时,需要根据设计标准计算出人防工程内掩蔽人员所需的生活及饮用水水量,留出储存空间,但都没有提及人员掩蔽工程必须考虑食品储备,认为战时可以由食品库进行保障。所以已建或在建的专业队队员掩蔽工程、医疗救护工程、一等人员掩蔽所、二等人员掩蔽所等战时有人员停留的人防工程均没有考虑物资储存功能和空间。

但行业内已有很多人防的主管部门和有识之士在经过几十年的经验总结和探索后越来越认识到,一个二等人员掩蔽所要掩蔽一千多人,那么多人在掩蔽过程中,没有战时必需的设备设施和食物保障是很不合理的。当前,许多城市已建或在建的人防工程,绝大部分的人员掩蔽工程在周边一定范围内缺少配套人防物资(食品)库工程,这是难以保障战时数以万计的掩蔽人员的掩蔽效果的。

有观点认为每个二等人员掩蔽所等战时有人掩蔽的防护单元都有必要分隔出一定面积的房间作为该防护单元的临时食品储藏室,基本保障本工程掩蔽人员在工程内掩蔽期间的需求。对于人员掩蔽所如何确定食品保障的数量和储备时间,上海结建规划建筑设计有限公司对《人防工程战时食品供应及储备问题研究》[①]的成果认为:人员掩蔽所食品保障的时间和数量建议,根据《人民防空地下室设计规范》GB 50038—2005 第 6.2.5 条之表 6.2.5,二等人员掩蔽所内无可靠内水源时,饮用水贮水时间要求为 15 天。同样食品保障供应时间应与饮用水保障时间相匹配,可以为 15 天。食品的储备量依据现行规范规定,二等人员掩蔽所每个防护单元最大建筑面积为 2000m²,人员掩蔽率一般约为 70%,因此掩蔽人数可按 1400 人确定。每个防护单元的食品保障供应人口按 1400 人考虑。每人每天以干粮(压缩饼干、牛奶)一日三餐计,则需要食品储存空间(堆高按 1.5m 考虑)约 47.52m²。江苏省拟出台的《人民防空人员掩蔽部工程战时生活设施设置标准》中明确:人员掩蔽工程为满足战时人员掩蔽的需要,需设置一定的设备设施,如双人床、躺椅、食品(物资)存放库、食品(物资)发放区、饮用水保障点、人员活动区、医疗心理救护区、垃圾存放区、工具间及双人床、躺椅等。其中:一等人员掩蔽所的食品(物资)存放库(一等)约 38.9m²、食品(物资)发放区约 10m²;二等人员掩蔽所的食品(物资)存放库(二等)约 38.4m²、食品(物资)发放区约 10m²。

当然,二等人员掩蔽所食品保障的时间、数量、储藏空间到底多大为合适,需由人防主管部门研究确定,可在《人民防空地下室设计规范》GB 50038—2005 修编时再明确。

---

① 陈力新. 人防工程战时食品供应及储备问题研究 [J]. 生命与灾害,2018:20-29.

90. 人防工程防护单元内的战时疏散有没有距离要求，人防主要口离坡道或楼梯的具体控制距离是多少？

战时的人员疏散有两类，一类是发生在空袭警报拉响后进入工程的疏散（有时间限制），另一类是发生在空袭警报解除且工程外部安全后离开工程的疏散（无时间限制）。针对第一类进入工程的疏散，人员掩蔽工程的布局应与战时城市人口的分布保持一致，其出入口与所保障对象的水平直线距离应控制在 200m 以内，以保证在预定时间内进入工程。而针对第二类离开工程的疏散，没有规范明确规定。

人防工程主要出入口距直通地面的坡道或楼梯的具体控制距离规范虽无明确规定，但人防工程主要出入口距直通地面的坡道或楼梯的距离显然是越小越好。由于人防工程主要出入口疏散路径穿越非人防区域至直通坡道或楼梯的结构应满足相同抗力要求，如果非人防区通道过长，将大大增加按人防要求加固的工程量和复杂性，既不经济又可能降低人防主要出入口外通道的安全性。上海市民防办规定：民防工程战时主要出入口疏散路径穿越非人防区域至直通室外的楼梯或坡道的水平距离不宜过长（一般不得超过 20m，即从防护密闭门中心点到直通室外楼梯第一个踏步中心点或坡道疏散宽度中心点的距离）。

91. 战时外墙有孔口的管道层（或普通地下室）顶板厚度可以计入人防地下室顶板的防护厚度吗？

从安全角度考虑，战时外墙有孔口的管道层（或普通地下室）顶板厚度是不可以计入人防地下室顶板的防护厚度的。核辐射包括早期核辐射和放射性沾染两种。早期核辐射不仅有穿透作用，还会在传播过程中发生散射，有孔洞的地方，核辐射是极可能进入的。而放射性沾染和毒剂的入侵方式类似,孔口也是其进入的主要途径。所以有孔口的管道层顶板厚度不应计入人防地下室顶板的防护厚度，但如果临战能对其孔口进行封堵，则可计入。但这样会大大增加转换量，实际很难做到。

92. 防空地下室顶板采用防水混凝土，是否必须同时满足《地下工程防水技术规范》GB 50108—2008 第 4.1.7 条关于防水混凝土厚度不应小于 250mm 的要求？

防空地下室顶板最小厚度不应小于 250mm，是考虑防战时大火的要求做出的规定，也是暴露在空气中的人防围护结构（如顶板、室外地面以上的外墙等）的最小厚度要求，这在《人民防空地下室设计规范》GB 50038—2005 第 3.2.5 条的条文说明中有明确解释。

《地下工程防水技术规范》GB 50108—2008 第 4.1.7 条规定"防水混凝土结构厚度不应小于 250mm"，该厚度是考虑现场施工的不利因素及钢筋混凝土中钢筋的引水

作用而做出的行之有效的厚度规定。《人民防空地下室设计规范》GB 50038—2005 第
3.8.3 条专门强调,上部建筑范围内的防空地下室顶板应采用防水混凝土,当有条件
时宜附加一种柔性防水层。工程防水措施和防毒措施几乎是一致的,从防毒剂考虑,
顶板厚度宜和防水混凝土结构最小厚度一致,即使顶板上有覆土或其他可折算成防
护厚度的材料,或是规范第 4.11.3 条中规定最小楼板厚度为 200mm,从安全角度考虑,
亦不应降低顶板厚度。

93. 顶板上面的地面装修层可以计入顶板的防早期核辐射厚度吗?

考虑装修层材料的不确定性,不宜折算为早期核辐射防护厚度。

对于早期核辐射的防护,吸收是主要的削弱方式之一。具有一定密度的材质,
都对早期核辐射有一定的削弱效果。根据规范规定,顶板上混凝土面层或其他密度
较大的覆盖物可以折算为早期核辐射防护厚度。但装修层将来有可能会变化为其他
材料,届时可能不满足防护要求,所以不宜折算为早期核辐射防护厚度。

94. 场地为坡地条件下甲类人防工程人防顶板能不能突出室外地坪?

工程设计中经常会遇到如图 4-3 所示的几种场地为坡地的防空地下室布局情况,
按《人民防空地下室设计规范》GB 50038—2005 第 3.2.15 条的规定:上部建筑为钢
筋混凝土结构的甲类防空地下室,其顶板底面不得高出室外地平面;上部为砌体结
构时,底板地面与地坪的高差也必须满足规范的要求。当该斜坡下的人防工程为甲
类防空地下室时,对照规范要求,其顶板底面不允许高出室外地坪。

规范中对于甲类人防工程顶板高出地面以及侧墙暴露问题的限制主要针对核爆
地面冲击波的作用下防空地下室倾覆的问题。甲类防空地下室在冲击波作用下,地
面的钢筋混凝土结构不易被破坏,地面建筑残余的钢筋混凝土结构(主要是剪力墙
结构)受到很大的地面冲击波作用,导致地下室发生整体倾覆。而砌体结构受到巨
大地面冲击波作用下,往往会坍塌,从某种意义上说,对地下室可以起到保护作用,
所以对其限制就没有那么严格。

我国是多山国家,素有"七山一水二分田"之说,山地面积占国土面积的 69%,
其中贵州省更是高达 93%。结合山势进行城市开发是这些多山地区的无奈选择,很
多民用建筑都是修建在坡地上。如果严格按照《人民防空地下室设计规范》GB
50038—2005 第 3.2.15 条的强条规定,很多中西部山区和南方丘陵地带的城市很难找
到足够平坦的地方修建防空地下室。

从防护的基本理论分析,人防工程的结构需要在战时能承受一次核武器、常规
武器爆炸动荷载的分别作用而不失效(图 4-4)。一方面,对于抗力等级不高的核 5
常 5 级、核 6 常 6 级防空地下室,都只需考虑非直接命中条件下,常规武器的整体
破坏而不是局部破坏。所以,只要防空地下室的结构本身的承载力能满足战时工况,

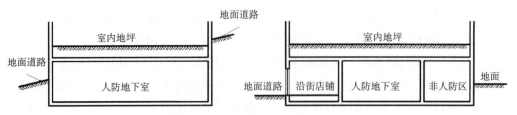

图 4-3　场地为坡地的防空地下室几种常见情况

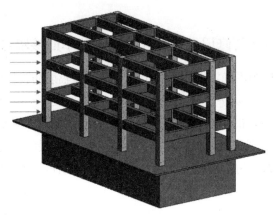

图 4-4　地面建筑受冲击波作用示意

防空地下室局部在地面以上也是能计算和设计的。另一方面，当通过结构整体抗滑移和倾覆计算，能够证明防空地下室在预定荷载作用下不会发生滑移和倾覆现象时，即使顶板高出室外地面，或是侧墙暴露，应该也是可以接受的。

对于我国中西部的山地城市和南方丘陵地带的城市，一般的中小城市大多为非重要军事和经济目标，遭受核打击的可能性比较小；同时核爆炸冲击波在受到山体的阻挡后会迅速衰减，冲击波的破坏效应相对于平原城市会小很多。

综上所述，对于平原为主的城市，应严格按照《人民防空地下室设计规范》GB 50038—2005 第 3.2.15 条的规定：上部建筑为钢筋混凝土结构的甲类防空地下室，其顶板底面不得高出室外地平面；上部为砌体结构时，底板底面与室外地坪的高差也必须满足规范的要求。但是对于山地为主的城市，建议当地人防主管部门和技术审查部门适当放宽要求：在保证防空地下室能够承受一次核武器、常规武器爆炸动荷载的分别作用而不失效，且通过结构整体抗滑移和倾覆计算，可以证明防空地下室在预定荷载作用下不会发生滑移和倾覆现象时，允许上部建筑为钢筋混凝土结构的甲类防空地下室，其顶板底面可以适当高出室外地坪。同时设计中还应采取覆土、砌筑挡墙等措施，以保证顶板和外墙不直接暴露在空气中，满足防早期核辐射的要求。

95. 平时功能为机械车库的人防工程底板和抗爆挡墙如何设置？

对于无底坑的机械停车库的人防地下室，设计阶段划分抗爆单元，设置抗爆隔墙、挡墙时可以考虑避开机械停车设备；当实在无法避开时，还要看停车设备的一层载车板到二层载车板之间的净高是否满足 1.8m，如不满足 1.8m，则不能满足砂袋堆砌的抗爆隔墙、挡墙最小高度 1.8m 的要求，所以直接砌筑是不满足规范要求的，且就算满足了净高要求，操作空间有限，实施起来也比较困难。

　　根据战时平面图的布置，战时应尽量拆除需要设置抗爆隔墙、抗爆挡墙或影响人员掩蔽的机械停车设备，并将工程量计算进防护功能平战转换时限和预算内，以保证战时防护功能和转换措施满足防护要求。

　　对于有底坑停车的机械停车库，一般不建议设置为防空地下室，防空地下室方案布置时应避开有底坑停车的机械停车库区域。主要原因是在机械停车一层设备处的净高不易满足防空地下室高度的规范要求；其次在人员掩蔽时，容易因空袭震动等造成停车设备损坏而伤害掩蔽人员；并且难以设置抗爆隔墙等影响抗爆单元的划分。

96. 上下多个防护单元之间是否必须两两设置连通口？

　　连通口的主要作用是方便战时相邻单元的联系和紧急情况时的快速疏散，所以竖向及水平连通口的设置，应保证从任意一个防护单元不经室外非防护区便能快速疏散到其他防护单元内。

　　水平连通口必须在各防护单元之间分别对应设置。

　　竖向上下连通口的设置可视防空地下室规模而定，数量可适当减少，工程整体规模不大时，上下相邻防护单元应至少设置一个竖向人防专用楼梯作为连通口，如图 4-5 所示设置连通口。如果工程规模较大，则可以在工程对角线方向各设置 1 个楼梯作为上下连通口，减少人员的疏散距离。

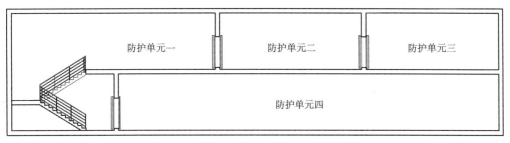

图 4-5　上下多个防护单元间连通口设置示意图

97. 防空专业队装备掩蔽部与其他人防单元的连通如何设置？

　　专业队装备掩蔽部除了与专业队队员掩蔽部之间的连通口需要设置洗消间外，与其他人防工程防护单元的连通口，其防毒措施宜按其他人防工程的次要出入口设置，抗力要求按连通口设置（图 4-6）。例如，如果装备掩蔽部与二等人员掩蔽所相邻，此处采用密闭通道形式的连通口，但在染毒情况下不得使用该连通口；如果是与人防汽车库相邻，则允许采用单墙双门的形式。

图 4-6　装备掩蔽部与其他防护单元连通口示意图

98. 住宅小区分期建设的两个不相邻的防空地下室是否可以通过普通地下室连通？

住宅小区分期建设的两个不相邻的防空地下室不可以通过普通地下室连通，或者与其相连的普通地下室不能视为人防的连通口。

《人民防空地下室设计规范》GB 50038—2005 术语第 2.1.6 条，连通口是指在地面以下与其他人防工程（包括防空地下室）相连通的出入口。这条术语也说明了战时连通只能是人防工程与人防工程之间的连通，包括防空地下室、人防疏散干道、支干道及人防连接通道等人防配套工程。规范第 3.2.10 条和第 3.2.11 条明确两个相邻防护单元之间应至少设置一个连通口，并对各自连接方式做了规定，目的是便于相邻防护单元之间能够保持战时联系。

在战时工况下，我们不仅要考虑核武器、常规武器的打击，还要考虑化学武器、生物战剂和放射性沾染的侵害，只有具备了防护防化能力的人防工程才可以抵御这些武器的作用，普通的地下室不具备抵御这些武器作用的能力。

在战时，由于遭炸弹命中的概率是随机的，不相邻的两个防空地下室，连通必须要通过具有防护防化功能的地下空间，一般有以下三种措施：

（1）在两个防空地下室之间修建一条人防连通道；

（2）借用防空地下室之间的普通地下室的部分空间，进行战时功能的设计，使其具备战时连通道的防护防化能力；

（3）充分利用现有地下空间，对其进行兼顾设防设计，使得整个地下室都具备战时防护防化能力。

随着各地人防主管部门对地下空间兼顾设防的重视，设防造价相对低廉的兼顾设防方式越来越多被采纳。这为提升城市综合防护效能，最大限度发挥人防工程的战备效益、社会效益和经济效益，提供了一个行之有效的解决方案。

99. 防空专业队队员掩蔽部主要出入口是否可以兼作与装备掩蔽部的连通口？

防空专业队队员掩蔽部主要出入口可以兼作与装备掩蔽部的连通口，但从装备掩蔽部到队员掩蔽部的入口一定要设在第一防毒通道内，如图 4-7 所示。

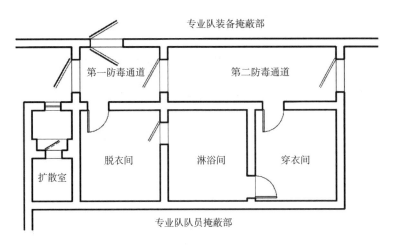

图 4-7　专业队队员掩蔽部主要出入口兼作与装备掩蔽部的连通口示意

100. 防护单元间车道封堵应设单向受力人防门还是双向受力人防门?

防护单元间平时行车道连通口的战时封堵应采用单侧双向受力防护密闭门封堵,不应采用单侧单向受力防护密闭门封堵。如采用单向受力防护密闭门封堵时,必须在防护单元隔墙平时行车道连通口两侧各设一道符合各自抗力要求的单向受力防护密闭门。

(1)根据国家人防办《人民防空工程防护设备选用图集》RFJ 01—2008 相邻防护单元平时通行口可设置单侧双向受力防护密闭门(图 4-8),可选用的防护密闭门有 GSFMG****(6)、GSFMG****(5)。根据《人民防空地下室设计规范》GB 50038—2005 第 3.2.10 条相邻防护单元连通口防护密闭门设计压力值取值范围可以看出,按《人民防空工程防护设备选用图集》RFJ 01—2008 相邻防护单元平时通行口设置的单侧双向受力防护密闭门只适用于防核 5 级或防常 5 级及以下的工程。

(2)根据《防空地下室建筑设计(2007 年合订本)》FJ01~03,防护单元隔墙平时行车通行口当采用两道防护密闭门两侧设置时,在门框墙两侧各设一道防护密闭门,防护密闭门的设计压力值执行防护单元之间连通口的防护密闭门的设计压力值,按《人民防空地下室设计规范》GB 50038—2005 第 3.2.10 条取值:

①乙类防空地下室的连通口防护密闭门设计压力值宜按 0.03MPa。

②甲类防空地下室的连通口防护密闭门设计压力值应符合下列规定:

a)两相邻防护单元的防核武器抗力级别相同时,其连通口的防护密闭门设计压力值应按表 4-3 确定,如防核 6 级、5 级时,防护密闭门设计压力值分别为 0.05MPa、0.10MPa;

b)两相邻防护单元的防核武器抗力级别不同时,其连通口的防护密闭门设计压力值应按表 4-4 确定,如当相邻防护单元抗力分别为防核 6 级和 5 级时,靠防核 6 级一侧防护密闭门设计压力值为 0.10MPa,可选 BFM****-10 的防护密闭门,

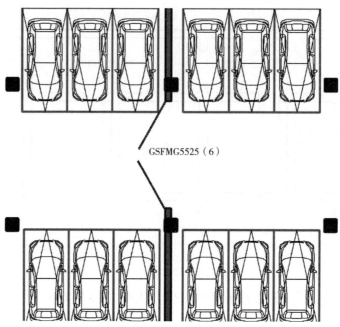

图 4-8　单元间双向受力隔断门设置示意

抗力相同相邻单元的连通口防护密闭门设计压力值（MPa）　　　表 4-3

防核抗力级别	6B	6	5	4B	4
防护密闭门设计压力	0.03	0.05	0.10	0.20	0.30

抗力不同相邻单元的连通口防护密闭门设计压力值（MPa）　　　表 4-4

防核抗力级别	6B 级与 6 级	6B 级与 5 级	6 级与 5 级	5 级与 4B 级	5 级与 4 级	4B 级与 4 级
低抗力一侧设计压力	0.05	0.10	0.10	0.20	0.30	0.30
高抗力一侧设计压力	0.03	0.03	0.05	0.10	0.10	0.20

靠防核 5 级一侧防护密闭门设计压力值为 0.05MPa，可选 BFM****-05 的防护密闭门。

101. 多个防护单元的人防工程是否每个防护单元都要设置防爆波电缆井？

多个防护单元的人防工程不需要每个防护单元设置防爆波电缆井。

电缆线进入防护单元的渠道有三类：第一类是从室外（例如土中）直接进入，此时需要设置防爆波电缆井；第二类是从上部建筑或是相邻非防护区进入，此时可不设；第三类是从其他防护单元进入，当电缆线从一个单元进入另一个单元需要埋地进入时，则应设置防爆波电缆井。

按照以上规则，从同一人防工程的附属电站或者同一工程非防护区设有发电机房和配电室的区域进入，则不需要设置防爆波电缆井；只有该防护单元从围护结构外土中引入平时使用或战时需要的电缆时，才需设置防爆波电缆井。

102.《人民防空工程设计防火规范》GB 50098—2009 与最新建筑防火规范有一定差异，按哪本执行？

当《人民防空工程设计防火规范》GB 50098—2009 与最新建筑防火规范冲突时，应按最新建筑防火规范执行。

一般进行工程设计时，如不同的规范之间存在矛盾，应按照从严从新的原则执行。目前，民用建筑设计防火相关的规范主要有：《汽车库、修车库停车场设计防火规范》GB 50067—2014、《建筑设计防火规范》GB 50016—2014（2018 版）、《建筑内部装修设计防火规范》GB 50222—2017 和《地铁设计防火标准》GB 51298—2018。人防工程专有规范有《人民防空工程设计防火规范》GB 50098—2009。平战结合的人防工程，如平时功能为地下商场时，应遵循民用建筑设计最新防火规范。对于民用建筑设计防火规范未涉及的平战结合人防工程，则可继续参照《人民防空工程设计防火规范》GB 50098—2009 执行。

103.人防电站上部为消防水池有没有问题？

结合现行规范及工程实践经验，人防电站上部不应设置消防水池。

参照《民用建筑电气设计规范》GB 51348—2019 第 4.2.1 条第 6 款要求："不应设在厕所、浴室、厨房或其他经常积水场所的正下方，且不宜与上述场所贴邻。如果贴邻，相邻隔墙应做无渗漏、无结露等防水处理；"以及第 6.1.1 条第 6 款要求："发电机间、控制室及配电室不应设在厕所、浴室或其他经常积水场所的正下方或贴邻。"变配电室和柴油发电机房等电气设备设施房间的上部不允许有积水。

消防水池是人工建造的供固定或移动消防水泵吸水的储水设施，为了保障火灾情况下的消防用水。尽管人防电站仅战时使用，但依据现行的规范，甲类防空地下室柴油发电机房除发电机组外，其他附属电气设备设施应该平时施工安装到位。为避免平时消防水池渗水进入战时柴油发电机房，破坏机房完整性，人防电站上部不应设置消防水池。

人防工程一般只考虑冲击波一次作用，如人防电站的上部为消防水池，当核爆发生时，主体结构一旦开裂，水池内未放空的消防用水将会涌入电站内，导致人防电站遭受二次破坏而彻底失去作用。

104. 医疗救护工程是否一定要设置救护车掩蔽部?

医疗救护工程不需要设置救护车掩蔽部。

根据《人民防空医疗救护工程设计标准》RFJ 005—2011 条文第 3.2.2 条:"中心医院的第一主要出入口应采用坡道式,且宜按通行救护车设计。"该条只是考虑伤员的运送问题。目前人防医疗工程的工程规模表中防护区的面积和主要功能用房都有明确规定,并无多余空间来设置救护车掩蔽部,也无此要求。所以医疗救护工程内无需设置救护车掩蔽部。

105. 给排水管道是否可以穿越电站的储油间?

给排水管道不宜穿过电站的储油间。

《人民防空地下室设计规范》GB 50038—2005 第 3.6.6 条第 3 款规定:"严禁柴油机排烟管、通风管、电线、电缆等穿过贮油间。"但并没有提及排水管道。考虑可能因为管道与墙体之间的缝隙蔓延火灾,所以尽管水管危险性不大,但不建议排水管穿越,尽量使储油间相对隔绝。

106. 当人防移动电站内采用拖车式柴油发电机组时,是否也需要设基础?

人防移动电站无论采用何种柴油发电机组,都应设置预留机组基础。

在《人民防空地下室设计规范》GB 50038—2005 术语第 2.1.66 条是这样解释移动电站的:具有运输条件,发电机组可方便设置就位,且具有专用通风、排烟系统的柴油电站。因此人防工程中的移动电站不能理解成拖车式柴油电站,移动电站设置的柴油发电机组是普通型的。

国家建筑标准设计图集《防空地下室移动柴油电站》07FJ05 中的柴油发电机组设有高出室内地坪 100mm 的基础,主要是考虑便于机组清洁管理,机组底盘中不易积存油污废物等。发电机组直接安装在基础上,机组应设置配套减震器。

虽然图集中选用的是普通型柴油发电机组,但是临战将拖车式柴油发电机组运入移动电站内,也是可以代替普通型柴油发电机组使用的。虽然拖车式柴油发电机组不需要设置基础,但是机房内已设有的基础也不会影响到使用,将拖车式机组放置在预留机组基础上,并采取临时稳定措施就能解决安装就位问题。若平时未设置发电机组基础,当临战只有普通型柴油发电机组时,由于临战转换时限内不允许也无法完成现浇钢筋混凝土基础,机组只能安装在电站内地面上,不便于战时运行时的维护清洁管理,且机组底盘中易积存油污废物。所以,考虑临战各种可能性,人防移动电站也应平时施工时即设置好柴油发电机组基础。

107. 医疗救护工程的大便器、洗手池和手术台等是否要求平时就安装好？

依据《人民防空医疗救护工程设计标准》RFJ 005—2011 第 3.8.3 条第 5 款规定，手术室、卫生间、盥洗室、洗涤室等房间的固定设备，应在工程施工、安装时一次完成，不得实施转换。

规范是最低要求，如果当地防办对平战转换有具体要求，还应参照当地防办的要求。如江苏省人防办苏防〔2021〕48 号和苏防〔2018〕70 号文件《江苏省人民防空工程建设平战转换技术管理规定》明确规定：一、二等医疗救护工程，除空气质量、毒剂、放射性检测报警装置和移动的医疗设施可预留外，平时不得预留平战转换内容，必须与工程同步设计、施工安装到位；三等医疗救护工程除移动的医疗设施、内部房间轻质隔墙、战时淋浴器和加热设备、发电机组、空气质量、毒剂、放射性检测报警装置可以预留外，其余不得预留平战转换内容，必须与工程同步设计、施工安装到位。

第 5 章
防化设计

108. 人防工程防化设计的含义是什么？

人防工程防化设计是指为保证建设的人防工程具备一定程度的核生化防护功能，即防核生化武器或战争中由于各种原因导致的城市次生核生化因素对人防工程内部人员的危害，而由专业设计人员事先进行的一系列相关专业设计及建设安排活动，包括对防化设施设备的选型与安装要求；并通过专业的图、文、符号进行表达与标记。

人防工程防化设计是落实工程的战术技术指标，以保障工程战时防化功能的基础性工作。

109. 人防工程的可行性研究报告或初步设计文本是否需要有防化专篇？

人防工程防化是人防工程建设中相当重要的一项综合性内容，牵涉到人防工程设计的所有专业，可行性研究报告或初步设计文本中都应该有防化专篇来专门论述工程所采用的防化措施。人防工程相关规范后续修编时，应增加此方面的要求。

110. 人防工程防化设计应遵循哪些防护原则？

人防工程防化是通过风险分级、危害分类、防护分阶段来落实的。

人防工程防化问题不仅是工程本身，它与工程所处的地域、工程当前的核生化风险样式、工程的防化效果与工程的使用情况密切相关。

（1）应明确工程防化要防的主要危害因素有哪些。首先，从工程所在的地域看，如果是在空袭打击的重点地区或在重点目标危害范围内，应该根据目标遭袭可能产生的毁伤危害重点考虑需要防护的危害因素与程度。对于可能遭到高毁伤破坏的工程，其抗力等级、防护性能以及配套的防化保障程度都要求高，因此工程本身是通过防护及防化性能的分级来对应工程的风险等级。其次，还要考虑工程受到的危害因素是否有辐射以及化学污染。防化学与防辐射对工程有不同的要求。尽管工程是通过密闭隔绝来防护有毒有害气态物质对工程的渗透，但是如果处于较高剂量率的地区，射线防护要求就高，这不仅体现在工程的密闭隔绝性能上，也应反映在工程围护结构的质量和密度上。因为工程对外照射的防护是靠一定厚度的墙体材料对入射能量进行屏蔽。同时，对于工程的入口样式也有要求，坑口越小，出口处拐弯越多，防外部直接照射的效果就会越好。

（2）应明确工程要保护的人员应达到什么样的生存生活保障程度。至少满足其基本生存条件、满足其工作条件，甚至满足其作战能力不下降等不同的层次。如果只满足人员基本的生存需要，二等人员掩蔽所就能达到要求，如果要满足人员作战能力保持的要求，就需要更高等级防化保障，对于内部设备，保障技术要求则相差很多。

（3）危害分类防护要考虑城市污染的特点。对工程防化设计来讲，通常只考虑根据工程的核化种类和污染防护程度进行相应的计算。但由于城市化学污染环境的防护，当前工程内配备的过滤吸收器是以沙林毒剂为代表物进行实验评价，但是防化学危害主要并不是防沙林毒剂的袭击，实际上城市化学污染需要防护的可能是大量工业有害气体。这些种类多，浓度高的工业有害气体，用过滤吸收器滤除可能存在着巨大的风险。过滤吸收器能防护的蒸气种类有限，对大量的工业有害气体可能防护时间极短。即使是能防护的物质种类，由于滤器吸附容量的有限性，在防护实施时也要谨慎进行。

（4）应全面考虑工程内外的污染情况。在大量人员待蔽环境下，工程内部产生的有害气体与时间和内部人员的活动强度成正比，与内部人员的管理水平成反比。如果需要人员在工程内长期待蔽，在人员密集环境中，空气品质恶化、微生物滋生、疾病、创伤等就会快速出现，对待蔽人员将产生危害。

（5）明确人防工程防化与国防工程防化的区别。处于城市工程网中的工程，由于工程的联通性可能会在局部遭到内爆炸、化学恐怖袭击等情况下，产生局部危害、整体影响，短期污染、长时间影响的情况。因此，将工程受到的各种内外危害因素统一考虑，明确由于大型网络结构可能导致的风险危害，来自不同人群流动与管理方面的风险，可能是人防工程区别于国防工程防化的特殊之处。

总之，人防工程的防化原则是关注地域风险特征、明确危害类别程度和工程使用要求，通过有针对性的防化保障形成工程防护的效果，即用精准防护应对精确化的空袭打击。

111. 建筑专业设计时需要考虑哪些防化设计要点？

建筑专业设计时需要考虑以下防化设计重点：

（1）防毒通道、防化房间及重要相关房间是否符合工程防化等级要求；

（2）工程口部及防毒通道，进、排风口或竖井在工程整体中的位置，除尘室、滤毒室、进风机室、防化值班室、洗消间、排风机室、防化器材储藏室、防化化验室等的面积及在工程整体中的布局是否合理；

（3）工程口部密闭段及检查孔设计是否正确；

（4）染毒区是否集中，与清洁区界面是否分明；

（5）毒剂报警器探头壁龛至防爆波活门的间距是否达到规范要求等。

112. 防化乙级及以下人防工程应遵循哪些防护原则？

（1）人防工程对核武器应遵循以下防护原则：

①人防工程应能防御预定的核爆炸地面冲击波、光辐射、早期核辐射和放射性沾染等的破坏作用（本书是针对防化乙级及以下工程编写的，一般不防核电磁脉冲）；

②人防工程的围护结构应能具有足够的抗力满足抗核爆炸所产生的动荷载和建筑物倒塌荷载的强度要求；

③人防工程的围护结构（含覆土层）应有足够的厚度，削弱早期核辐射；

④为了把冲击波挡在工事外，防化乙级及以下工程的人员出入口应设一道具有抗冲击波和密闭功能的防护密闭门；

⑤为了把冲击波挡在工事外，战时进排风（烟）口应设消波装置；

⑥为了把冲击波挡在工事外，专供平时使用的出入口、通风口和其他孔洞应在临战前进行封堵；

⑦人防工程对核武器的防护，应只考虑一次袭击。

（2）人防工程对化学武器、生物武器和放射性沾染等的防护措施，是通过各种手段和措施防止或减少核生化污染物进入工程室内，避免或减轻核生化污染物对人员的伤害：

①为保证人防工程壳体的气密性，各人员出入口部应设置相同数量的防护密闭门和密闭门，并形成相同数量的防毒通道（或密闭通道）；

②为保证人防工程壳体的气密性，清洁式进排风系统上，应设置相同数量的密闭阀门（一般为两道）；

③为保证人防工程壳体的气密性，各专业穿防护密闭隔墙和密闭隔墙的管孔，必须设置可靠的密闭措施；

④为保证人防工程室外在被核、生、化污染的条件下，工程能有足够的隔绝防护时间，每个人应有足够的生存空间；

⑤为保证人防工程室外在被核、生、化污染的条件下，人员掩蔽工程内人员急需供新风时，应设置除尘、滤毒进风系统和超压排风系统；

⑥为保证人防工程室外在被核、生、化污染的条件下，使人员能够安全出入工事，在战时人员主要出入口上，应设置洗消间和简易洗消间；

⑦为消除核、生、化袭击后果，工事口部应设置洗消设施；

⑧为保证及时准确转换防护状态并监测内部污染情况，应设置核、生、化报警监测检测装置。

113. 柴油电站和专业队装备掩蔽部有没有防化等级？

采用通风方式为柴油发电机房降温的风冷式柴油电站，没有防化等级要求，允许染毒；采用水冷或者空调为柴油发电机房降温，实现隔绝式防护的柴油电站，防化等级为戊级。

固定电站的控制室防化等级与其依附的主体工程一致。控制室设在依附工程的主体工程内，是主体工程的一个组成部分，主体是几级，控制室就是几级。例如主体工程是甲级，控制室的防化等级也是甲级；主体工程是二等人员掩蔽所，它就是丙级。

专业队装备掩蔽部有掩蔽功能，它的出入口部和进排风井下方设有一道防护密闭门，在没启用之前，处于隔绝状态，在此期间并不染毒，它的防化级别是戊级。

114. 人防工程口部房间染毒区、允许染毒区和清洁区是如何划分的？

人防工程内部是清洁区，不允许染毒；但工程的口部是联结外界染毒区和内部清洁区的过渡、缓冲地带，以洗消间为例，这个区域还可以分成染毒区和允许染毒区，见图 5-1。

（1）染毒区一般包括进、排风扩散室，也包括密闭水封井以外的下水道、口部防毒通道密封通道以及进排风管道第一道密闭阀门以外的区域等。

（2）防化保障人员所称的允许染毒区是指防毒通道、脱衣间、密闭通道、除尘室、滤毒室等部位，要通过防化保障工作尽力保证这个区域不染毒。

（3）"淋浴间人员刚进入时带进一些毒氛，随着洗消和排风换气的进行，逐渐变为清洁，基本算作清洁区"，"检查穿衣检查间是清洁区，是不允许污染的"。《人民防空地下室设计规范》GB 50038—2005 图 3.2.23（图 2-2）把淋浴间和检查穿衣间设置在允许染毒区，不满足防化的要求，应在《人民防空地下室设计规范》GB 50038—2005 修编时更正。

（4）防化工作间（化验室）既不是染毒区，也不是清洁区，是可能轻微染毒区。化验工作在通风柜中进行的，是由滤毒自循环通风系统保证消除通风柜中化验时可能产生的微量毒氛，即使化验人员因为器皿或手套等带出的微量毒氛，自循环通风系统也会及时清除，所以它只是可能而不是必然。

115. 当相邻防护单元的防化级别不同时，连通口需要设防毒通道和洗消间吗？

相邻防护单元的连通口，当防化等级不同时，以下情况应设置防毒通道和洗消间：

（1）人员掩蔽所与电站之间；

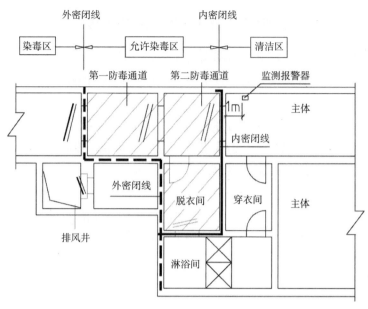

图 5-1   人防工程口部区域划分

（2）医疗救护工程与空调室外机房之间；

（3）防空专业队队员掩蔽部与车辆掩蔽部或装备掩蔽部之间等。

以下情况不应设置防毒通道和洗消间：

（1）人员掩蔽所与医疗救护工程与专业队员掩蔽部之间；

（2）人员掩蔽所与人员掩蔽所之间；

（3）人员掩蔽所与防空专业队队员掩蔽部之间；

（4）人员掩蔽所、医疗救护工程、人员掩蔽所与物资库之间；

（5）物资库与物资库之间等。

116. 为什么专业队装备掩蔽部和水冷电站与人员掩蔽所之间需要设置防毒通道？

（1）专业队车辆掩蔽部或装备掩蔽部可以转入隔绝式防护，但是接到抢险任务必须立即开出车辆或装备，此时该掩蔽部立即染毒，而由染毒区回来的人员必须经过洗消才能进入专业队员掩蔽区，所以应设洗消间。

（2）水冷电站战时可以转入隔绝式防护，但是柴油机是靠燃烧空气管从电站进风除尘室自吸燃烧空气，燃烧空气管内有很大的负压，由于燃烧空气管和除尘室的门及墙都无法达到十分严密，室内空气会源源不断地被吸入管内，电站机房内此时处在负压状态。由于机房内承负压，水冷电站会比其他防化戊级工程染毒严重，成为轻度染毒区，由电站返回清洁区的人员必须经过洗消、更衣之后才能回到清洁区。

117. 过滤吸收器在战争期间是否需要考虑更换?

过滤吸收器在战争期间需要考虑更换。规范要求除尘滤毒室的密闭门应设在密闭通道（或防毒通道）内，最初的目的就是更换器材的需要。按照过滤吸收器设计原则，新型过滤吸收器使用和储藏的时间越长，性能更好，能够经受多次典型袭击而不用更换，但是不能以此判定不需要更换。有以下几种情况需要在战时更换过滤吸收器，具体更换时机要根据实际受袭程度和贮存使用情况综合判断：

（1）战前检测发现过滤吸收器存在机械性漏毒情况时；

（2）战时使用过程中对过滤吸收器尾气进行在线实时监测发现毒剂浓度超标时；

（3）确认遭受过核生化袭击，战争结束时。

118.《人民防空工程防化设计规范》RFJ 013—2010 规定次要出入口应设置防毒通道，与《人民防空地下室设计规范》GB 50038—2005 的要求不一致，应以哪本规范为准?

两本规范对于防毒通道的定义不同，次要出入口按密闭通道的要求进行设置。

《人民防空地下室设计规范》GB 50038—2005 第 2.1.39 条，密闭通道为："由防护密闭门与密闭门之间或两道密闭门之间所构成的，并仅依靠密闭隔绝作用阻挡毒剂侵入室内的密闭空间。在室外染毒情况下，通道不允许人员出入。"第 2.1.40 条，防毒通道为："由防护密闭门与密闭门之间或两道密闭门之间所构成的，具有通风换气条件，依靠超压排风阻挡毒剂侵入室内的空间。在室外染毒情况下，通道允许人员出入。"

《人民防空工程防化设计规范》RFJ 013—2010 第 2.0.4 条，防毒通道为："工程中两道相邻密闭门或防护密闭门与密闭门之间的空间。次要出入口的防毒通道也可称密闭通道。"

根据以上两本规范的术语描述，由于二者对于防毒通道的定义不同，因此对于工程的次要出入口，无论是密闭通道还是防毒通道，均按密闭通道的要求进行设计。

119. 乙级防化的人防工程战时主要出入口要求设两道防毒通道，其他口（含次要出入口）只设一道密闭通道，从防化角度是否匹配?

乙级防化的人防工程，次要出入口的密闭通道数量宜按两道设置，与主要出入口的防毒通道数量要求一致。

为保证人防工程壳体的气密性，各级人防工事都应设置一定数量的防护密闭门和密闭门，这是为了增加工事的气密性，防止毒氛透入。每一道防护密闭门或密闭门都是一道关口，每两道带密闭功能的人防门构成一个防毒通道或密闭通道，它的空间有稀释毒氛的作用，其墙壁还可吸附毒氛，密闭门越多，防毒通道或密闭通道也就越多，对防毒越有利。

《人民防空地下室设计规范》GB 50038—2005 表 3.3.20 条对防空地下室的战时出入口的防毒通道和密闭通道数量作了规定，详见表 5-1。

战时出入口的防毒通道和密闭通道　　　　　　　　表 5-1

工程类别	医疗救护工程、专业队队员掩蔽部、一等人员掩蔽所、生产车间、食品站		二等人员掩蔽所、电站控制室		物资库、区域供水站
	主要口	其他口	主要口	其他口	各出入口
密闭通道	—	1	—	1	1
防毒通道	2	—	1	—	—

《人民防空工程防化设计规范》RFJ 013—2010 表 4.2.3 也对各类人防工程的防毒通道（次要出入口为密闭通道）数量作了规定，详见表 5-2。

人员出入口防毒通道数量　　　　　　　　表 5-2

类别	医疗救护工程	防空专业队工程（队员掩蔽部）	人员掩蔽工程		配套工程	
			一等	二等	食品站、生产车间、区域供水站	其他
主要出入口	2		1		2	1
次要出入口		1			1	1

通过对照以上两张表可以看出，无论是《人民防空地下室设计规范》GB 50038—2005，还是《人民防空工程防化设计规范》RFJ 013—2010，都存在一个共性的问题，主要出入口的防毒通道数量是两个，而次要出入口的密闭通道数量是一个，即乙级防化的人防工程战时主要出入口的防毒通道数量和次要出入口的密闭通道数量不匹配。鉴于乙级防化的医疗救护工程、防空专业队队员掩蔽部、一等人员掩蔽所、食品站、生产车间、区域供水站等工程，均为战时防护体系的重要保障工程，需要重点防护，宜将次要出入口的防化能力提升至与主要出入口相同；同时乙级防化的这些工程，与量大面广的二等人员掩蔽所相比，建设总量相对占比非常少，在次要出入口增加一道密闭通道，对社会资源的影响很有限。建议各地人防主管部门宜要求乙级防化的人防工程的次要出入口设置两道密闭通道，且在《人民防空地下室设计规范》GB 50038—2005 修编时调整。

120.《人民防空地下室设计规范》GB 50038—2005 和《人民防空工程防化设计规范》RFJ 013—2010 对区域供水站防化设计要求不一致，以哪本规范为准？

区域供水站应按乙级防化设计，以《人民防空工程防化设计规范》RFJ 013—

2010 的要求为准。

《人民防空地下室设计规范》GB 50038—2005 有多处提到区域供水站：第 3.1.7 条要求区域供水站的主体有防毒要求，应根据其战时功能和防护要求划分染毒区和清洁区；第 3.3.6 条的附表对区域供水站出入口的人防门设置作了规定，与二等人员掩蔽所、电站控制室、物资库等的要求一致，由外到内设置防护密闭门、密闭门各一道，低于医疗救护工程、专业队队员掩蔽部、一等人员掩蔽所、生产车间、食品站等功能的要求；第 3.3.20 条对密闭通道、防毒通道、洗消间或简易洗消间的设置作了规定，与物资库一致，各出入口设置一道密闭通道，不设防毒通道和洗消间或简易洗消间。由以上规范条文可得，《人民防空地下室设计规范》GB 50038—2005 将区域供水站的储存用水作为一般的战备物资，重要性与普通物资相同，只要保证在空袭后外部染毒时，储存的用水不受污染即可。

战时用水分为生活用水、饮用水、洗消用水，其中每个防空地下室都按《人民防空地下室设计规范》GB 50038—2005 第 6.2.3 条的用水量标准和第 6.2.5 条的贮水时间要求存储一定数量的生活用水和饮用水。在这种情况下，区域供水站的存储用水主要用于洗消用水，将区域供水站归类于一般战备物资进行防护并无不妥。在实际防空地下室建设中，几乎都是采用市政给水管网贮存战时用水，极少采用自备内水源。当战时外部染毒状态下，工事内生活用水和饮用水用完之后，只能从外水源取水。自备外水源在抗力要求上，《人民防空地下室设计规范》GB 50038—2005 第 6.2.1 条提出自备外水源取水构筑物的抗力级别应与其供水的防空地下室中抗力级别最高的相一致。由此可见，区域供水站的战时供水对象同样应包含医疗救护工程、专业队队员掩蔽部、一等人员掩蔽所、生产车间、食品站的重要工程，且抗力级别应与这些供水对象一致。

《人民防空工程防化设计规范》RFJ 013—2010 第三章节将食品站和区域供水站均归为乙级防化的配套工程，说明二者的重要性在战时是完全相同，区域供水站应按乙级防化要求进行设计。建议各地人防主管部门在配建区域供水站时，要求应按乙级防化设计，且在《人民防空地下室设计规范》GB 50038—2005 修编时调整。

121. 战时人员从工程主要出入口进入工事有哪几种洗消方法？

战时人员从工程主要出入口进入工事，主要有两种洗消方式：

（1）局部紧急消毒

① 皮肤：人员皮肤染毒后，应迅速用纱布、棉球或卫生纸等吸去可见的毒剂液滴，再用皮肤消毒剂（表 5-3）水溶液擦洗染毒部位，然后用净水清洗。

②眼：眼睛接触毒剂后，应立即用清水或 2% 碳酸氢钠水溶液或 0.01% 高锰酸钾水溶液反复清洗。

（2）全身洗消

应在局部紧急消毒后，用温水全身淋浴洗消。

常用皮肤消毒剂   表 5-3

消毒剂名称	消除毒剂的种类
2% 碳酸钠水溶液	G 类毒剂（神经性）
10% 氨水	G 类毒剂（神经性）
10% 三合二水溶液	G 类、糜烂性毒剂
10% 二氯异三聚氰酸钠水溶液	V 类、糜烂性毒剂
10% 二氯胺邻苯二甲酸二甲酯溶液	V 类、糜烂性毒剂
18%~25% 一氯胺醇水混合溶液或 5% 二氯胺酒精溶液	糜烂性毒剂
5% 碘酒 或 5% 二巯基丙醇软膏	路易氏剂

122. 二等人员掩蔽所的简易洗消间能否满足防化要求？是否应增设有穿衣间的洗消间？

《人民防空地下室设计规范》GB 50038—2005 第 3.3.24 条规定的简易洗消间不满足防化的要求，防化丙级的人防工程战时人员主要出入口应增设更衣室，如条件允许还应设置有穿衣间的洗消间。

根据《人民防空地下室设计规范》GB 50038—2005 第 3.3.24 条的条文说明，简易洗消宜与防毒通道合并设置的做法"更符合战时简易洗消的作业流程，而且也简化了口部设计，方便了施工"。对二等人员掩蔽工程的洗消主要采用简易洗消的措施，而不进行淋浴洗消，故其主要出入口设简易洗消间而不设洗消间。

二等人员掩蔽所只有一个防毒通道，染毒衣服对工事内掩蔽的人员危害大，所以有必要增设更衣室。并建议：新规范修订时，取消防化丙级的人防工程战时人员主要出入口的简易洗消间设置要求，改为有淋浴和更衣等完备洗消程序的洗消间。

123. 哪些人防工程需要设染毒装具储藏室？

甲级防化的人防工程和人员出入频繁的医疗救护工程等乙级防化工程，应在脱衣室前设置染毒装具封装、储存的空间，人员出入较少或丙级防化的工程可不设置染毒装具封装、储存的空间。

虽然当前各类规范没有对人防工程的染毒装具储藏室提出具体的设置要求，但有人员出入、设有洗消间的工程，确有染毒装具储藏要求的需求。战时进入工事的工作人员，脱下的防护头盔、防护服、防护靴等防护装具，不处置会导致二次污染。因此，甲级防化的人防工程和人员出入频繁的医疗救护工程等乙级防化工程，宜设置染毒装具储藏室。

124. 战后人防工程口部如何洗消？

战后人防工程人员出入口的消毒通常以各通道为区域展开。在通道等染毒区，如果有人员带入的可见染毒痕迹、液体斑痕等可以用湿法消毒，即配制消毒液，如次氯酸钙、脂肪醇胺等，在擦除吸附可见毒剂斑痕后，对重点部位进行喷、刷消毒，必要时反复实施作业；其他部分可进行一般性的喷洒作业，同时进行超压排风排毒；对第一防毒通道或其他防毒通道，主要是空气染毒，消毒方法以通风排风换气为主，来消除污染空气的影响；此外混凝土墙面、地面、门的表面有一定吸附毒剂的作用，对于这些部位也要认真检查和洗消。

125.人防工程里的氡及其子体有哪些防护措施？

人防工程里的氡及其子体的防护措施主要包括：

（1）加强建筑选址的放射性评价,尽量避开氡含量较高的地域（如地层的断裂带、土壤中铀、镭含量高的地区等）；

（2）避免使用不合格的建材和装修材料；

（3）采取减少氡通过围护结构渗入工程内部的措施，比如喷涂特种防氡涂料，实现源头控制；

（4）对于工程内的氡及其子体可以通过通风换气或在工程内部设置具有相应净化功能的空气净化装置来降低浓度等。

126.《人民防空医疗救护工程设计标准》RFJ 005—2011 图 3.3.2 第一密闭区房间关系示意与《人民防空工程防化设计规范》RFJ 013—2010 表 3 的要求不一致，以哪个为准？

应以《人民防空工程防化设计规范》RFJ 013—2010 表 3 对医疗救护工程的要求为准，将洗消间设在战时人员主要出入口，人员洗消后才能进入分类厅（清洁区）。

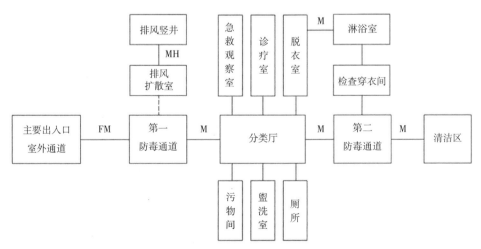

图 5-2　《人民防空医疗救护工程设计标准》RFJ 005—2011 图 3.3.2
MH—防爆波活门；FM—防护密闭门；M—密闭门

人员由染毒区进入工事时，不但有染毒空气被人员和装具带入，还有服装吸附毒剂的带入。在进入分类厅之前，不更换染毒的衣服、鞋、帽和袜的措施，分类厅将成为染毒区，会给医患人员的生命带来严重威胁。急救观察室、诊疗室和分类厅不能设在染毒区，所以图 5-2 是不合理的，图 5-3 是我们建议修改的形式。

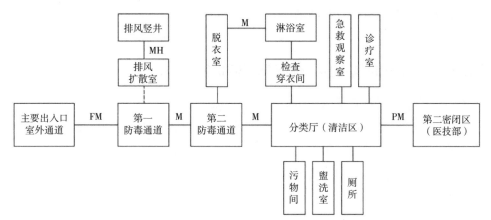

图 5-3　医疗救护工程战时主要出入口房间布置
FM—防护密闭门；M—密闭门；PM—普通密闭门

第6章
其他设计

127. 救护站或急救医院内，平时进、排风机房，战时是否能作为战时房间？例如，某房间平时进、排风机房战时寝室。

一般不考虑平时进、排风机房战时作为人员掩蔽区。

首先，风机房本身设备较多，布置也比较密集，其中可用于人员掩蔽的面积很少；其次，通风机房内管道与设备较多，很多位置也不满足人员掩蔽最小净高（2.0m）的要求，所以一般不这样考虑和设计；再者，平战结合人防工程，很少有平时进、排风机房战时完全不使用的情况。虽然从理论上说当机房战时完全不使用时可考虑转换，但还应综合考虑平战转换是否合理、工程量与转换时限是否满足要求、是否有合理的转换措施、是否有利于战后恢复等综合因素。

128. 人防电站内设有竖井吊装孔是否可作为机组通向室外的运输口使用？

当确无设置通至室外地面的发电机组运输坡道出入口时，竖井吊装孔可作为机组运输口使用。

《人民防空地下室设计规范》GB 50038—2005 第 3.2.6 条对固定电站规定：当发电机房确无设置直通室外地面的发电机组运输出入口时，可在非防护区设置吊装口。第 3.6.3 条对移动电站规定：发电机房应设有能够通至室外地面的发电机组运输出入口；该条的条文解释说明：移动电站采用的是移动柴油发电机组，一般是临战时才安装，所以移动电站应设一个能通往地面的机组运输口，此条只规定应设有"通至"室外地面的出入口。因此当"直通"室外地面的出入口有困难时，可以由室内口运输柴油发电机组。图集《防空地下室移动柴油电站》07FJ05 规定：当发电机房确无设置直通室外地面的发电机组运输出入口时，可在非防护区设置吊装孔。

根据以上规范条文、条文解释及人防标准图集的规定，对于人防固定电站，由于发电机组尺寸及重量较大，宜优先采用直通室外地面的坡道运输口，条件限制时，由于非临战紧急安装机组，设吊装口采用机械吊装也是可行的；对人防移动电站，应设有供移动柴油发电机组进入电站内的运输通道，优先采用直通室外坡道运输，由于发电机组尺寸及重量较小，条件限制时，可经通往防护单元的室内口（非移动电站防毒通道）运输，经过的防护单元需有直通地面的坡道出入口（非临战封堵出入口）。若移动电站设直通室外坡道出入口和可通室外的室内口均有困难时，可在非防护区设置吊装口将发电机组运入移动电站。

移动柴油发电机组是在临战时搬运进入发电机房，要求吊装方式简便可靠，工人利用简单的绳索和滑轮等工具就能顺利完成发电机组吊装。在设计时，需留出必要的吊装操作空间和预埋好吊环，不得采用非人工方式吊装或人工吊装难度大的运输口。

129. 二等人员掩蔽工程防爆地漏是否必须选用不锈钢材质？

二等人员掩蔽工程的防爆地漏应为不锈钢或铜材质。

《人民防空地下室设计规范》GB 50038—2005 对防爆地漏的材质没有要求，铸铁或不锈钢的均可。《人民防空工程质量验收与评价标准》RFJ 01—2015 第 10.8.5 条第 3 款要求防爆地漏应为不锈钢或铜材质。

考虑铸铁防爆波地漏容易生锈，生锈后挂粘脏物，不易清理，影响防护密闭效果；且铸铁防爆波地漏生锈后，会启闭不灵活甚至卡死，丧失排水、防爆和防毒的功能，所以不能选用。

130. 相邻楼梯间前室之间的隔墙是否可以取消？

这个问题应该从平时消防要求和人防战时使用要求两方面来讨论。

（1）平时消防要求

当平时消防设计把两部楼梯计算作两个安全出口时，前室不得合并；当平时消防设计把两部楼梯计算作一个安全出口，并且满足防烟前室等相关要求时，前室可以合并。

（2）人防战时使用要求

从人防角度来说，只要满足宽度要求，对前室是否合并不作要求，但是合并对战时的紧急疏散更有利。

131. 人防门门垛的最小尺寸是否一定要满足图集要求，如果遇到特殊情况，是否可以缩小？

为确保门扇的正常安装与开启，在设计时应满足人防门图集中规定的门垛最小尺寸要求。

在 20 世纪 80 年代以前，不同型号的人防门（活门）都是一个型号出一本图集，并提供组装图和部件的加工图，门垛的最小尺寸可以通过相关部件的尺寸大小经计算确定，通常会留有 5cm 左右的余量，以应对混凝土作业中可能出现的误差等因素。

因此新建工程在设计时不允许缩小门垛尺寸，在对早期人防工程改造时，如确受条件限制，可适当考虑缩小。

132. 一个连通口是否可以连接 3 个及以上防护单元？

一个连通口不宜连接三个及以上防护单元。

三个及以上防护单元共用的连通口，面积较常规连通口大（图 6-1），被常规武器击中的概率大，这样的连通口一旦破坏，连接的防护单元均受影响，因此连通口不宜连接过多的防护单元，宜相对分散设置；只有当平时功能确需设置一个共用通道，且几个防护单元只有通过该通道才能实现连通时，才可采用一个连通口连接多个防护单元的形式。

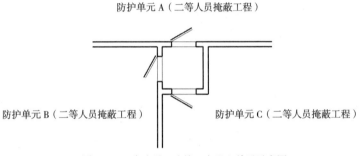

图 6-1　一个连通口连接 3 个以上单元示意图

133. 07FJ01 第 48 页第 10 条，物资库设小型贮水箱，按保管人员 2~4 人计算，这个水箱是否作为密闭通道的洗消用？

综合物资库内设洗消用的储水箱，其容积应满足口部洗消需要。

《人民防空地下室设计规范》GB 50038—2005 第 6.4.5 条第 1 款："需冲洗的部位包括进风竖井、进风扩散室、除尘室、滤毒室（包括与滤毒室相连的密闭通道）和战时主要出入口的洗消间（简易洗消间）、防毒通道及其防护密闭门以外的通道，并应在这些部位设置收集洗消废水的地漏、清扫口或集水坑。"结合物资库规范的要求，物资库只冲洗物资主要进出口的密闭通道和战时进风口、风井即可，因为战时物资库是隔绝式通风，其他密闭通道呈关闭状态，染毒性比较小。冲洗物资库进出库通道和进风口、井以备二次物资掩蔽。当然也可以根据出口地面环境（方便运送物资作为备用口部）在非主要密闭通道口部设置冲洗阀、地漏。

134. 人防工程为什么要设防火防护密闭门？如果人防门外已有一道防火门是否还要设防火防护密闭门？

设防火（防护）密闭门的意图是让（防护）密闭门兼防火门的作用，可减少防火门。由于防火（防护）密闭门在防火使用方面的局限性，一般人防工程中很少采用，对已设防火门的部位，安装普通（防护）密闭门即可。

《人民防空工程设计防火规范》GB 50098—2009 第 3.1.10 条第 3 款（强制性条文）规定：柴油发电机房与电站控制室之间的连接通道处，应设置具有甲级防火门耐火性能的门，并应常闭。该条款的条文说明：柴油发电机房与电站控制室之间的连接通道处的连通门是用于不同防火分区分隔用的，除了防护上需要设置密闭门外，需要设置一道甲级防火门，如采用密闭门代替，则其中一道密闭门应达到甲级防火门的性能，由于该门仅操作人员使用，对该门的开启和关闭是熟悉的，故可以采用具有防火功能的密闭门；也可增加设置一道甲级防火门。

因为人防门质量较大，开启与关闭不灵活等情况，不能保证平时防火防烟等要求，所以平时消防疏散出入口处不能使用（防护）防火密闭门代替防火门，而需在人防门门洞内或在消防通道上另外安装防火门。人防滤毒室、单元连通口等平时常闭门洞，仅供管理操作人员进出，当有防火分隔需求时，可选用（防护）防火密闭门，若该门的橡胶密封胶条达不到甲级防火门耐火性能，则仍不得选用。

135. 医疗救护工程中空调室外机室与柴油电站分开设置时，是否需要设置设备出入口？与医疗救护工程内部衔接时，是设置防毒通道还是密闭通道？

人防医疗救护工程中空调室外机室与柴油电站分开设置时，应设置通至室外的设备出入口和通至内部清洁区的密闭通道。

对空调室外机防护室，应设有供空调室外机组进入机房内的运输通道，优先采用直通室外坡道运输；条件限制时，可经通向防护单元的室内口运输，经过的防护单元需有直通地面的坡道出入口（非临战封堵出入口）。若空调室外机室设直通室外坡道出入口和可通室外的室内口均有困难时，可在非防护区设置吊装孔，通过吊装孔将空调室外机运入室外机室（图 6-2）。

在外界染毒时，一般不需去空调室外机室进行操作，因此设密闭通道连接清洁区即可。医疗救护工程受防护单元面积限制，空调室外机室及其口部若占用较多面积，将造成医疗救护工程其他功能区域布置困难，因此宜与电站共用通至室外的出入口和通至内部清洁区的防毒通道。并宜与电站相邻设置，共用通至室外的出入口和通至内部清洁区的防毒通道。也可如图 6-3 所示，将空调室外机组设置在柴油发电机房内。

136. 对平时使用有影响的人防专用室外疏散楼梯，是否可以在平时盖板封闭，临战转换打开？

人防专用室外疏散楼梯，宜避开对平时使用有较大影响的位置出地面；当确实无法避开时，可在平时采用盖板封闭，临战转换时打开，但宜在盖板上设永久性标识。

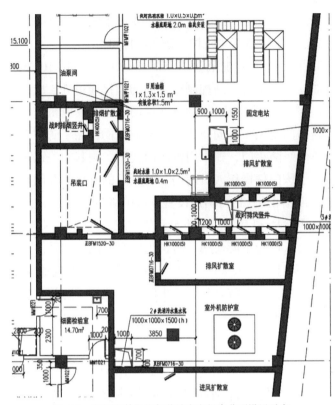

图 6-2 空调室外机组与柴油发电机房分开设置示意

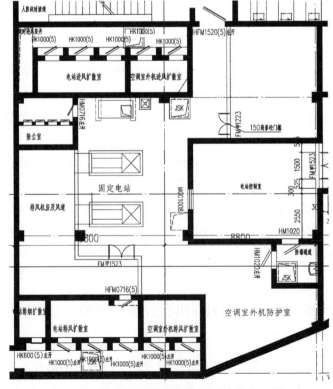

图 6-3 空调室外机组与柴油发电机房合并设置示意

　　人防专用室外疏散楼梯平时采用盖板封闭，应在图纸中标明，且在《人防工程平战转换预案》中填写相关内容。设计时还应有盖板封闭处平时的防水及临战时盖板打开后防止地面水倒灌的措施（图 6-4、图 6-5）。

　　上海市工程建设规范《民防工程安全使用技术标准》J 14394—2018 第 5.2.3 条还作了如下规定，"民防工程平时不使用的战时出入口的日常管理应符合下列规定：设在绿化内平时以覆土遮盖、临战转换时打开的楼梯，在民防工程内部进入楼梯间处宜设防火门，平时上锁，门上贴'不得通行，严禁入内'警示标志"，以防止平时使用时，在消防疏散等工况下有人员误入仅战时使用的人防专用出口。

　　由于人防专用的室外疏散楼梯采用平时盖板封闭，战时转换打开后，会增加临战转换的工作量，因此选用还应满足项目所在地人防主管部门的规定和要求，譬如安徽省人防办出台文件禁止此类做法。

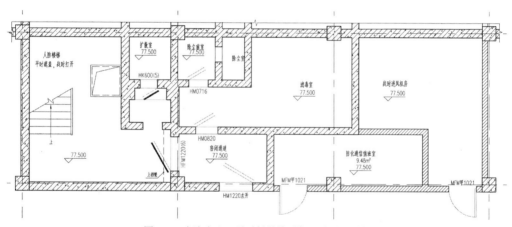

图 6-4　人防出入口平时封盖战时打开（平面图）

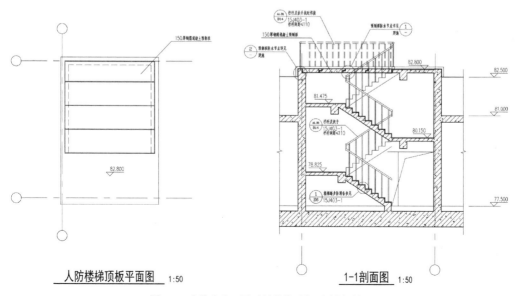

人防楼梯顶板平面图　1:50

1-1剖面图　1:50

图 6-5　人防出入口平时封盖战时打开（剖面）

137. 医疗救护工程中，第一、二密闭区之间是否可以不用密闭墙封隔完全，采用临战封堵开设平时使用通道？

医疗救护工程的第一密闭区与第二密闭区（清洁区）之间通道应兼顾战时和平时使用要求，不应增加临战封堵（图6-6）。

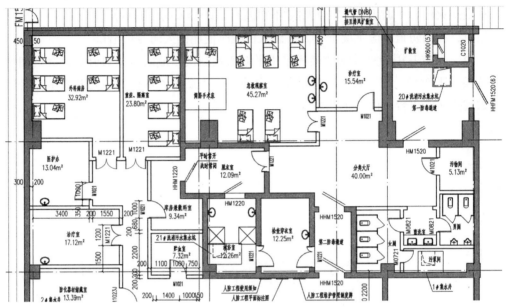

图6-6　医疗救护工程第一第二密闭区示意

《人民防空医疗救护工程设计标准》RFJ 005—2011第3.3.3条规定：分类厅与清洁区之间应设有第二防毒通道和洗消间；《人民防空地下室设计规范》GB 50038—2005第3.2.12条规定：在染毒区与清洁区之间应设置整体浇筑的钢筋混凝土密闭隔墙，其厚度不应小于200mm，并应在染毒区一侧墙面用水泥砂浆抹光。当密闭隔墙上有管道穿过时，应采取密闭措施。在密闭隔墙上开设门洞时，应设置密闭门。

对于第一密闭区与第二密闭区（清洁区）之间的平时通行要求，设计第二防毒通道时兼顾即可，若另在密闭隔墙上开设门洞，则需安装两道密闭门临战封堵（不能采用构件封堵和一道密闭门封堵），增加的两道密闭门会影响医疗救护工程内部紧凑空间的使用，非特殊情况没有设置必要。

138. 战时遭到生物武器袭击后，人防工程内如出现类似新型冠状病毒人传人的情况，如何处理？

这个问题涉及的方面很多，需要进一步研究。下面仅就人员密集的二等人员掩蔽所和医疗救护工程可重点考虑的事项逐一做介绍，供设计人员参考。

（1）二等人员掩蔽所

二等人员掩蔽所，一般是按 1000~1500 人设计的，其中有老弱病残和儿童。在每人 $1m^2$ 的密集人群中，当出现传染病的感染者，且暂时无法送医的情况下，开辟一个隔离区是十分必要的，同时还要考虑配套设施。具体应考虑具备以下条件：

①应迅速设置隔离区，将病人转移至隔离区进行隔离。隔离区的选址以便于负压排风、区内的空气不外溢的位置为原则，且配备独立的厕所和相应设施。

②应设置一个指挥室，由专人组织指挥，以免掩蔽人员乱作一团。

③应设置一个医务室，落实专职医生对病人施救，且与就近医疗救护系统进行联系。

（2）医疗救护工程

现行《人民防空医疗救护工程设计标准》RFJ 005—2011 主要考虑战时伤员救治，建议对设计标准适当补充修订，补充传染、隔离、救治、防护等技术要求。

139. 柴油电站排烟对环境和工程隐蔽都很不利，设置烟气处理设备建筑专业需注意什么？

建筑专业主要是要知道烟气处理设备的位置，为其预留放置设备的空间。为了消除排烟井内二次产生的烟雾，烟气处理设备要求设置在排烟井（通常也是排风井）室外端，烟气在这里处理后直接排放到环境中去，不会再产生烟雾，消烟彻底，因此应注意在此处预留放置烟气处理设备的空间。工程设计中应由暖通专业提出放置该设备空间的要求，建筑与暖通专业根据井口内外具体情况共同确定适合样式，具体分析见《人民防空工程暖通空调设计百问百答》相关内容。

140. 冷却塔有雾气且温度高，影响环境又不利隐蔽，如何处理？建筑专业需注意什么？

冷却塔体积大，形状规则，通常相对独立设置，所以本身易被发现。而且当夏季早晨或其他季节空气温度较低时，排风中有雾气，这影响了周边环境，同时雾气也使冷却塔更易被发现。另外，冷却塔温度高，从热红外角度也易被发现。这里说明一点，人防工程周边其他建筑也可能设置冷却塔，但这些地面建筑的冷却塔在较冷天气基本都不运行，而人防工程因为地下环境封闭、地温高、人数多等原因，即使较冷天气依然可能需要运行，而且冷天雾气更大，所以人防工程的冷却塔仍然易被从周边环境中区别出来，从而被发现。冷却塔是和人防工程内的空调机组配套使用的，其被发现，对人防工程隐蔽不利；被击毁，将影响人防工程内空调机组使用，造成工程内过热，因此应该采取消雾等伪装措施。伪装技术应首先解决冷却塔排风热红外暴露问题，同时具有消雾功能。工程设计中，暖通或给排水专业提出设备间空间要求，建筑专业结合口部附近地形、建筑和景观情况确定其设备间样式，使设备间融入周边环境且减少其运行对周边的影响，具体分析见《人民防空工程给水排水设计百问百答》相关内容。

141. 充电桩可以设计在人防防护区内吗？

充电桩可以设计在人防防护区内。

单从技术方面来讲，充电桩能否设计在人防防护区域从两本规范来讲，《电动汽车分散充电设施工程技术标准》GB/T 51313—2018（虽然是推荐性标准，但是现有唯一充电车库设计依据规范），第一章总则及第三章规划选址中，均未提及充电车位设计不能用在人防工程中；《人民防空地下室设计规范》GB 50038—2005 中第 1.0.2 条适用范围及人防工程规范中亦无此类规定。

就平面布置来讲，只要柱距符合平时停车需要即可，并不会对人防工程使用造成影响。

就设备穿线来讲，电器线路有固定的人防防护（密闭）做法，暖通管线不能穿越防护单元隔墙，可与充电设施的防火分区相适应独立成一区。给水排水管线同样使用固有的人防防护（密闭）做法处理即可，并无特殊之处。

充电桩形式现在已有多种，在地下车库中通常采用立式或挂壁式充电桩，不会影响人防工程的布局和使用功能的实现。适用于人员掩蔽工程、物资库工程、车辆掩蔽工程等战时功能。

就新能源交通工具的发展来看，平战结合的车库更应该设计充电车位，毕竟人防专业车辆也要跟随新能源的发展而新旧更替，以适应新科技的发展。按现行规范，战时车辆掩蔽工程当采用充电车辆时，电气设计上按三级负荷考虑，只考虑市电供电，不考虑柴油机组供电，对整体工程设计影响较小。

对既有人防工程改造成充电车位的问题需依据当地政府部门的要求，以及既有人防工程是否存在改造的可能性，需依据不同的人防功能而进行有针对性的专题研究。如，需根据人防工程的层数、平时及战时功能的适用性、用电负荷、车位空间尺寸、消防设计、结构荷载、人防范围的防护密闭要求改造后是否能达标等多方面进行有针对性的研究方能确定。

就新建人防工程的技术方面来讲，如无特殊要求，人防工程内部允许设充电车位。

142. 城市地下综合管廊是否可以兼顾人防工程？

城市地下综合管廊工程是城市重要基础设施和生命线工程，是保障城市功能正常运行的血脉通道，贯彻防护要求可以防范和减轻战时空袭和平时灾害对城市综合管廊工程造成的危害，为城市功能运转提供基本保障，为人民生产、生活的正常进行提供基本保障，有利于平时灾后城市恢复和战时保存国家战争潜力。

目前，从法律法规和政策制度上均明确要求城市综合管廊工程应落实防护要求。《中华人民共和国人民防空法》规定"城市的地下交通干线以及其他地下工程的建设，应当落实防护要求"；2016 年第七次全国人民防空会议上李克强总理要求，"特别是正在推进的综合管廊工程建设，要在规划布局时适度预留空间容量，既满足管廊不断拓展的功能需求，又满足战时疏散掩蔽的需要"；《中华人民共和国城乡规划法》、《中共中央、国务院、中央军委关于深入推进人民防空改革发展若干问题的决定》（中发〔2014〕15 号）、《国务院办公厅关于推进城市综合管廊工程建设的指导意见》（国办发〔2015〕61 号）等法规也都有综合管廊兼顾人民防空的要求。

在发达国家，综合管廊工程（国外也称"共同沟"）已经存在了一个多世纪，在系统日趋完善的同时其规模也有越来越大的趋势。从 20 世纪 90 年代开始，学术界开始广泛关注城市综合管廊兼顾人防工程的建设新理念。Tetsuya（1991）分析了很多综合管廊的案例之后，提出了一种新思路——在基础设施建设中，将人防工程与地下空间的开发和综合管廊紧密结合起来，以此可以形成一种整体的综合性地下防护空间。

近年来，国内许多城市都在积极创造条件规划建设综合管廊工程，特别是在规划和建设中的新区，许多城市都已建成一定规模的综合管廊工程。在综合管廊防护研究方面，中国工程院院士、著名防护工程专家钱七虎表示，综合管廊工程建设乃百年大计，管廊落实防护要求功能是个好想法，但在实施过程中需切记人防功能"到位不越位"。在综合管廊工程建设中，人防功能具备即可，无需投入过多，不能喧宾夺主，做好恰到好处的"兼顾"即可。国内有诸多机构也开展了相关研究，由军事科学院国防工程研究院牵头开展了城市综合管廊工程贯彻防护要求技术研究，提出了防护要求技术标准，形成了《城市综合管廊工程落实防护要求设计导则》；一些省市结合当地综合管廊建设，编制了地方标准，如《浙江省城市地下综合管廊工程兼顾人防需要设计导则》、广州市《地下综合管廊人民防空设计规范》DB4401/T 26—2019 等；各地也有多项城市地下综合管廊兼顾人防工程已经建成或正在建设。

由于城市综合管廊工程内配建了行车和行人检修通道，具备一定的通行能力，同时城市综合管廊工程与周边大量地下空间相连通，紧急状态下可发挥人防疏散通道功能。受线性空间特点影响，综合管廊不适合用于战时物资储存，大量物资堆积于廊道中会影响工作人员管线检修。如果用于紧急人员掩蔽，防化设防投入过高，也是不合适的。

143. 公路隧道是否可以兼顾人防工程？

公路隧道按国家相关法规要求应考虑兼顾人防需要，但没有出台实施细则和技术标准，目前大多城市公路隧道没有设防。公路隧道设防存在几个问题：

（1）战时功能定位问题

结合其交通功能最好定义为防空交通干（支）道，但隧道有长有短，大多不与其他地下空间连通，且按要求需为丁级防化，出入口需设密闭通道，难以实施，也起不到交通干（支）道作用；人员紧急掩蔽场所，也存在丁级防化的问题；紧急汽车库，意义不大。

（2）人防大门设置的问题

隧道的出入口尺度大，人防门大多需特制，造价高，人防门长期开启，也存在安全隐患。

总结，单设的公路隧道建议仅对公路隧道的结构进行核算，并按人防规范的构造要求设防，不设人防大门，战时供过路车辆临时停放，可有效抵御常规武器非直接命中的炸弹气浪及碎片；与其他地下空间合设的公路隧道，可视整体地下空间合理规划人防战时功能。

144. 地铁防淹门选择哪种类型的最安全、可靠？

《轨道交通工程人民防空设计规范》RFJ 02—2009 第 6.4.3 条：过江（河）段两端的防淹门宜与防护密闭隔断门结合。在目前地铁工程设计中选用的防淹门主要有垂直卷扬降落式、垂直葫芦降落式、立转式顺水流式、立转式逆水流式等四种。从安全角度上来分析各有优缺点，详见表 6-1。

地铁防淹门优缺点分析表　　　　　　　　　表 6-1

序号	种类	优点	缺点
1	垂直卷扬降落式	落闸式安全、可靠；防淹门室高度较高，卷扬机设置在梁上，维修空间大	对建筑层高有要求
2	垂直葫芦降落式	落闸式安全、可靠；防淹门室高度较垂直卷扬降落式低，卷扬机紧固在顶板上，维修空间大	由于卷扬机紧固在顶板上，顶板受力结构要求高，卷扬机紧固件需加强保养
3	立转式顺水流式	防淹门为外开门（向隧道方向），不专设防淹门室，对建筑层高无特殊要求，门扇由液压控制，顺水流有利于门扇关闭；维修管理方便	立转式门扇关门时怕水中有污物时不易关紧，立转式关门时需加设接触网自动断开装置联动
4	立转式逆水流式	防淹门为内开门（向车站内方向），不专设防淹门室，对建筑层高无特殊要求，门扇由液压控制，维修管理方便	立转式门扇关门时怕水中有污物时门不易关紧，关门可靠性差；立转式关门需加设接触网自动断开装置联动；逆水流关门加大防淹门的推力，需增加防淹门的推力

综上分析所述：以上四种防淹门种类从安全使用上来看，建议设计应根据条件优先选用垂直卷扬降落式，其次选用垂直葫芦降落式，再次选用立转式顺水流式，

没有特殊情况不选用立转式逆水流式。

145. 对早期人防工事报废填埋有没有经济适用的方案？

早期人防工程失效处理应做到因地制宜、施工简便、经济合理、确保安全，应做好技术管理和工程档案工作。早期人防工程失效处理主要有回填法、支撑法、拆除法以及特殊情况的处理措施。

回填法施工时应按失效工程的结构、材料、失效工程所在地区地质特性和含水量等不同情况，分别采取相应的回填料和施工方法。

需要报废填埋的早期人防工程一般有以下两种状态：一类是单建式早期人防工程，一般处于道路、广场、公园绿地、学校操场等下方；另一类是附建式早期人防工程，上方建筑物一般是正在使用的居委会办公用房、企事业单位用房、商业用房和居民居住用房等。单建式早期人防工程的回填施工基本上不用考虑对周边环境的影响，施工简便且能够满足回填密实的材料和施工措施均可使用；而附建式早期人防工程的回填则需要重点考虑对周边环境的影响，特别是上部本身存在结构安全隐患的老房简屋，回填应经过专业设计并结合监测技术实施全过程信息化施工，一旦出现异常需立即采取有效技术措施来消除安全隐患。具体回填措施有砂回填法和轻质材料回填法两种。

砂回填法主要有堆砌砂袋回填和水撼砂回填两种措施。由于建筑黄砂的容重在 $1.4 \sim 1.6 \mathrm{t/m^3}$ 之间，回填后会导致工程荷载发生变化而产生不均匀沉降，因此砂回填只能用于单建式的废弃退出民防序列早期工程。

废弃早期人防工程回填还可采用轻质材料回填。轻质材料包括泡沫混凝土、EPS 颗粒混合轻质材料、低强度流动性固化土等。轻质材料回填最早应用于上海市黄浦区的废弃早期人防工程回填，黄浦区有相当数量附建式早期民防工程的上部建筑是旧式里弄和老房简屋，上部建筑本身就一定的安全隐患，如采取普通的砂回填处置对地基存在一次加载的过程，会引起附加沉降，导致基础出现不均匀沉降；同时这些早期工程常年积水，存在严重的水浸泡现象。在这种工况下，轻质材料回填并结合监测技术实施信息化施工，可以有效地消除安全隐患而不产生不均匀沉降的危害。

附建式的废弃早期民防工程回填采用轻质材料回填处置，还应事先进行基础沉降控制评估，设计宜遵循等重代换的原则，避免增加地基附加应力。设计应根据此原则具体明确泡沫混凝土的干密度等级、抗压强度、吸水率和其他性能指标。

146. 在工程审批时，防空专业队队员掩蔽部面积不超过 1000m²，要配套设置多大面积的装备掩蔽部才合适？

在建筑防护设计时应执行《人民防空地下室设计规范》GB 50038—2005 第 3.2.6 条要求：防空专业队工程中，防空专业队队员掩蔽部防护单元建筑面积 ≤ 1000m²；

专业队装备掩蔽部的防护单元建筑面积≤ 4000m²。

《人民防空地下室设计规范》GB 50038—2005 术语第 2.1.7 条防空专业队工程：保障防空专业队掩蔽和执行某些勤务的人防工程（包括防空地下室），一般称防空专业队掩蔽所。一个完整的防空专业队掩蔽所，一般包括防空专业队队员掩蔽部和专业队装备（车辆）掩蔽部两个部分。但在目前的人防工程建设中，也可以将两个部分分开单独修建。防空专业队系指按专业组成的担负人民防空勤务的组织，其中包括抢险抢修、医疗救护、消防、防化防疫、通信、运输、治安等专业队。根据未来反空袭斗争的需要，还可组建伪装示假、空中设障、电子对抗、网络攻防、心理防护等专业队伍。

人防专业队伍的基本任务是战时承担人民防空勤务、重要经济和政治目标防护、消除空袭后果的任务，配合部队进行城市防卫；平时根据各级政府的要求，协助有关部门参加抢险救灾任务。

战时各人防专业队伍的具体任务是：

（1）抢险抢修专业队

主要负责抢建、抢修人防工程、电力、道路、桥梁、供水、供气、广播电视及其他重要设施，抢救人员和重要物资，清除爆炸物。

（2）医疗救护专业队

主要负责抢运抢救伤病员，指导群众进行自救互救。

（3）消防专业队

主要负责重要目标、设施的防火、灭火，指导群众扑灭火灾，配合防化专业队进行洗消任务。

（4）治安专业队

主要负责治安、警戒、保卫、交通管制，监督灯火管制，协助指挥人员、车辆就地疏散隐蔽。

（5）防化防疫专业队

主要负责人民防空指挥所、重点人员掩蔽工程的防化保障，实施防化观测、侦察、监测和化验，对受沾染人员、设备、物资及重要道路进行洗消，组织防疫灭菌，指导群众防护、洗消和进行"三防"（防核、防化、防生物武器）知识教育。

（6）通信专业队

主要负责为城市防空袭斗争指挥提供通信保障，抢修通信设施设备。

（7）运输专业队

主要负责城市防空袭斗争中人员和物资的运输。

综上所述，防空专业队装备掩蔽部的防护单元建筑面积落实到具体工程中，要看该专业队战时主要执行的是以什么任务为主，配备有多少车辆、车型等内容，目前没有硬性的规定。其中结合地下汽车库修建的防空专业队装备掩蔽部，一般与一个防火分区结合较为合适，上限不能超过 4000m²。

147. 地下空间兼顾人防的设计、防护单元划分、抗力级别等如何确定？

兼顾人防工程属于战时防空袭时人员或物资临时掩蔽或疏散的工程，其设计目前国家尚未颁布统一标准，但已有部分省市出台了本地的兼顾人防工程的设计标准。因此当地有标准的应执行当地标准，没有标准的可以参考相关标准。

江苏省的规定：

（1）兼顾人防工程的防护单元面积是常规人防工程防护单元面积的两倍。如常规二等人员掩蔽所的防护单元面积最大是 2000m²，常规人防物资库的防护单元面积最大是 4000m²；则兼顾人防工程作临时二等人员掩蔽所的防护单元面积最大可以是 4000m²，兼顾人防工程作人防物资库的防护单元面积最大可以是 8000m²。

（2）抗力级别为核 6 级。

（3）防化按丁级设计。

江西省《江西省人民防空工程管理办法》规定：

（1）城市的地下交通干线、地下过街隧道、地下综合管廊等地下空间开发项目应当统筹兼顾人民防空防护要求，其他地下空间开发项目兼顾人民防空防护要求的面积不得低于地下总建筑面积的 40%。

（2）兼顾人防需要的工程应满足预定的战时防常规武器的防护要求，抗力级别为不低于防常规武器 6 级，工程一般为隔绝防护，隔绝防护时间不小于 3h 不大于 8h。

（3）城市地下空间兼顾人民防空工程（以下简称兼顾人防工程）按预定的防护要求分为以下两类（表 6-2）。

兼顾人防工程抗力标准　　　　　　　　　　　表 6-2

类别	防护要求	防常规武器
Ⅰ类		6 级及以上
Ⅱ类		满足抗力标准

注：Ⅰ类兼顾人防工程按本标准执行，尚应符合现行国家其他有关规范。

（4）兼顾人防工程应以平时功能为主，兼顾临战时、战时功能。临战时、战时功能可确定为人员临时掩蔽、物资临时储备、人民防空交通干（支）道等。

（5）兼顾人防工程的防护单元应根据平时功能布局合理划分，并符合表 6-3 要求。

兼顾人防工程防护单元建筑面积（m²）　　　　　表 6-3

工程类型	人员临时掩蔽工程	物资库、物资临时储备	综合管廊、交通隧道、交通干（支）道
防护单元面积（m²）	≤ 8000	≤ 16000	不划分

（6）多层兼顾人防工程，当其上下相邻的楼层划分为不同防护单元时，位于上层投影范围以内的以下各层可不再划分防护单元。

各省市标准不一致，如其他省市抗力级别也有按6B级设计的，防化也有只要求口部设一道防护密闭门。

148. 防空地下室距离确定中易燃易爆物品如何具体界定，锅炉房（不同类型）、调压站如何界定？

《人民防空地下室设计规范》GB 50038—2005第3.1.3条："防空地下室距生产、储存易燃易爆物品厂房、库房的距离不应小于50m；距有害液体、重毒气体的储罐不应小于100m。"（注："易燃易爆物品"系指国家标准《建筑设计防火规范》GB 50016—2014中"生产、储存的火灾危险性分类举例"中的甲乙类物品。）条文说明中距离系指防空地下室各出入口（及通风口）的出地面段与危险目标的最不利直线距离。

《建筑设计防火规范》GB 50016—2014中火灾危险性分类举例如下：

3.1.1 生产的火灾危险性应根据生产中使用或产生的物质性质及其数量等因素划分，可分为甲、乙、丙、丁、戊类，并应符合表6-4的规定。

3.1.3 储存物品的火灾危险性应根据储存物品的性质和储存物品中的可燃数量等因素划分，可分为甲、乙、丙、丁、戊类，并应符合表6-5的规定。

生产的火灾危险性特征 表6-4

生产的火灾危险性类别	使用或产生下列物质生产的火灾危险性特征
甲	（1）闪点小于28℃的液体； （2）爆炸下限小于10%的气体； （3）常温下能自行分解或在空气中氧化能导致迅速自燃或爆炸的物质； （4）常温下受到水或空气中水蒸气的作用，能产生可燃气体并引起燃烧或爆炸的物质； （5）遇酸、受热、撞击、摩擦、催化以及遇有机物或硫黄等易燃的无机物，极易引起燃烧或爆炸的强氧化剂； （6）受撞击、摩擦或与氧化剂、有机物接触时能引起燃烧或爆炸的物质； （7）在密闭设备内操作温度不小于物质本身自燃点的生产
乙	（1）闪点不小于28℃，但小于60℃的液体； （2）爆炸下限不小于10%的气体； （3）不属于甲类的氧化剂； （4）不属于甲类的易燃固体； （5）助燃气体； （6）能与空气形成爆炸性混合物的浮游状态的粉尘、纤维、闪点不小于60℃的液体雾滴
丙	（1）闪点不小于60℃的液体； （2）可燃固体
丁	（1）对不燃烧物质进行加工，并在高温或熔化状态下经常产生强辐射热、火花或火焰的生产； （2）利用气体、液体、固体作为燃料或将气体、液体进行燃烧作其他用的各种生产； （3）常温下使用或加工难燃烧物质的生产
戊	常温下使用或加工不燃烧物质的生产

储存物品的火灾危险性特征   表 6-5

储存物品的火灾危险性类别	储存物品的火灾危险性特征
甲	（1）闪点小于 28℃ 的液体； （2）爆炸下限小于 10% 的气体，受到水或空气中水蒸气的作用能产生爆炸下限小于 10% 气体的固体物质； （3）常温下能自行分解或在空气中氧化能导致迅速自燃或爆炸的物质； （4）常温受到水或空气中水蒸气的作用，能产生可燃气体并引起燃烧或爆炸的物质； （5）遇酸、受热、撞击、摩擦以及遇有机物或硫黄等易燃的无机物，极易引起燃烧或爆炸的强氧化剂； （6）受撞击、摩擦或与氧化剂、有机物接触时能引起燃烧或爆炸的物质
乙	（1）闪点不小于 28℃，但小于 60℃ 的液体； （2）爆炸下限不小于 10% 的气体； （3）不属于甲类的氧化剂； （4）不属于甲类的易燃固体； （5）助燃气体； （6）常温下与空气接触能缓慢氧化，积热不散引起自燃的物品
丙	（1）闪点不小于 60℃ 的液体； （2）可燃固体
丁	难燃烧物品
戊	不燃烧物品

149. 人防区能不能做机械停车位？

除垂直升降类机械车库外，大部分机械车库都不影响战时功能的转换。

机械停车种类较多，但地下车库极少采用垂直升降类，这一类机械车库很难转换，不建议配置防空地下室；其他选用较多的升降横移类和巷道堆垛类，以及水平循环类、多层循环类、平面移动类等，这些机械停车库一般都不影响战时人员和物资的掩蔽；另外还有一种较为常见的地坑式机械停车位属于半地下升降横移类，也不适合配置防空地下室。

150. 平时不砌，战时砌筑的进、排风机房以及防化值班室的门需要设置防火门吗？

仅战时才砌筑使用的进、排风机房和防化值班室应按《人民防空工程设计防火规范》GB 50098—2009 的规定设置防火门，具体有以下几种情况：

（1）当进、排风机房平战结合时，应按平时的防火要求设置；

（2）当进、排风机房平战完全分离时，可不设置防火门；

（3）当进、排风机房部分结合时，平时使用房间范围内的均应按防火相关要求设置。

第 7 章
人防工程定额与造价

151. 人防工程计价体系包括哪些内容？

　　现行人防工程计价体系包括：《人民防空工程投资估算编制规程》RF/T 005—2012、《人民防空工程估算指标（2012）》《人防工程概算编制办法、概算定额（2007）》、《人防工程工期定额（2007）》、《人民防空工程预算定额》第一册掘开式工程 HDY 99-01—2013、《人民防空工程预算定额》第二册坑地道工程 HDY 99-02-2013、《人民防空工程预算定额》第三册安装工程 HDY 99-03-2013、《人防工程维修养护定额》（在编）、《人防工程费用定额》（各省编制发布）和《人防工程工程量清单计价规范》RFJ 02-2015、《人防工程工程量计算规范》RFJ 03—2015、《人民防空工程工程量清单计价指引》等相关定额、规程、规范以及《人民防空建设工程造价管理办法》。人防工程计价体系是一套独立完整的计价系统，基本能满足人防工程建设全过程的造价计价需要。

152. 人防工程定额与建设工程定额有什么差异？

　　人防工程定额属人防系统的行业定额，除掘开式的人防工程以外，人防工程定额与建设工程定额存在较大的差异，主要有以下几个方面。

　　人防工程按施工方法分坑道式、地道式、单建掘开式、附建掘开式等。其中掘开式人防工程施工的分部分项工程与建设工程普通地下室相近，对应的人防工程定额内容也与建设工程的《房屋建筑与装饰工程定额》和《通用安装工程定额》基本相同；而坑道式和地道式的人防工程施工与建设工程则存在较大差异，存在断面变化多、防水要求高、含钢量大等特点，且需要采用光面爆破掘进、支护、被覆等非常规的施工方法，对应的人防工程定额内容与建设工程的定额内容完全不同。

　　人防工程施工的措施费与建设工程存在一定的差异。人防工程施工普遍存在场地狭小、潮湿，通风条件差，需要长时间的施工照明等问题，施工照明、强制通风、安全爆破、二次搬运等因素，在人防工程计价时都应充分考虑。

　　人防工程施工与房屋建筑工程施工相比存在施工作业降效的问题。人防工程含钢量大，施工工艺复杂，人工耗用量大，人防工程的定额子目存在增加施工难度的因素。

人防工程的防护和防化专业设备设施是房屋建筑工程所没有的，它有其自身的安装工艺和特殊要求，为了兼顾平时的使用，还需要增加平战转换的要求。

鉴于人防工程结构复杂、防护要求高、环境潮湿以及较多的人防工程防护（化）设备设施等特点，人防工程维修养护的要求远高于一般建设工程。建设工程的《房屋修缮工程定额》无法满足人防工程维修养护深度与广度的需要，因此人防工程的维修养护应选用自身的《人防工程维修养护定额》。

153. 人防工程可行性研究阶段如何编制投资估算？

人防工程投资估算是立项决策阶段可行性研究报告中的关于人防工程投资控制的造价文件，主要依据《人民防空工程投资估算编制规程》RF/T 005—2012 和《人民防空工程估算指标（2012）》等文件进行编制。

人防工程投资估算的编制要有充分依据，尽量做到全面、细致，并从现实出发，充分考虑实施过程中可能出现的各种不利因素对工程造价的影响，考虑市场情况及建设期间价格波动因素，使投资基本符合实际并留有余地，让投资估算真正起到控制项目总投资的作用。投资估算的编制是人防工程造价控制的开始，国有资金为主的人防项目投资估算编制完毕，还需报各级人防主管部门审核，以确保工程投资估算的合理性与准确性。

154. 人防工程初步设计阶段工程概算如何编制？

人防工程初步设计阶段工程概算应当依据初步设计图纸和《人防工程概算定额（2007）》进行编制，主要有以下步骤：

（1）依据初步设计图纸、《人防工程概算定额（2007）》的工程量计算规则，匡算出工程量；

（2）套用概算定额且将人工、材料、机械调至当地现行水平；

（3）采用当地《人防工程费用定额》进行取费，计算出人防工程实体概算造价；

（4）按照人防工程概算编制办法计算出人防工程的建设工程其他费用，且按要求留有预备费，最后进行汇总；

（5）概算编制初步完成后还应与决策阶段的投资估算进行比对，保证初步设计阶段的工程概算不超过投资估算。

155. 人防工程招标控制价如何编制？

招标控制价的编制应当按以下步骤实施：

（1）依据经审查合格的施工图纸和《人防工程工程量清单计价规范》RFJ 02—2015、《人防工程工程量计算规范》RFJ 03—2015、《人民防空工程预算定额（2013）》等计算出工程量，列出工程量清单；

（2）套用《人民防空工程预算定额（2013）》，且将定额的人工、材料、机械调至当地现行水平；

（3）采用当地《人防工程费用定额》进行取费，设置措施费、其他费，且根据招标人要求，确定是否需要按相关规定限额设定暂估价和暂列金；

（4）汇总计算出人防工程实体的招标控制价。

156. 人防工程计价一定要使用人防定额吗？

对于使用国有资金或以国有资金为主建设的人防工程，在编制投资估算、概预算和招标控制价时应使用人防定额，对于其他社会资金投资的人防工程则不做要求，人防定额可只作为参考。

157. 人防工程编制招标控制价时防护、防化设备如何计价？

人防工程在编制招标控制价时，防护、防化设备价的计取可使用各地人防系统发布的防护、防化设备信息价。当人防工程所在地的人防系统未发布防护、防化设备信息价时，可向当地防护、防化设备定点生产企业询价或参考附近地区的信息价。

158. 坑地道人防工程工程量计算应有哪些注意事项？

坑地道人防工程的工程量计算应注意以下事项：

（1）工程量应以图示尺寸为准计算。定额规定的净尺寸（直径、宽度、高度）及净断面应为工程设计支护（被复）后的有效尺寸和有效面积，但采用喷锚支护的工程其支护后的各部位净尺寸允许稍大于设计有效尺寸和有效面积。

（2）掘进工程量。应按支护（被复）外缘设计尺寸计算，主体工程、斜井（斜通道）掘进，当工程带有附在底板下表面的墙基或地沟时要注意定额工程量计算规则规定，其套用定额的掘进断面积与作为掘进工程量计算依据的断面是不一致的，计算时应注意区分。同时除设计变更外，不论是全断面掘进还是采用导洞法掘进，其工程量均按设计掘进断面工程量之和计算。

（3）支护、被复工程量。工程量按设计支护（被复）体积计算，喷射混凝土支护工程不得以支护厚度或支护表面平整度为由另行增加填凹量；如无签证，被复工程也不能为了方便施工而加大超挖及充填量。

（4）墙基工程量。下附在底板下表面以下的墙基础体积虽不能作为掘进工程量计算，但墙基浇筑体积应列入相应墙体被复工程量内计算。

（5）地沟工程量。混凝土、钢筋混凝土现浇地沟（包括排水沟、电缆沟等）被复后的净断面积＜0.05m² 时，应将其沟壁、沟底浇筑体积归入现浇底板工程量内计算；当净断面＞0.05m² 时，应单独列项计算排水沟、电缆沟的被复工程量，工程量以沟壁（包括沟壁与现浇底板重叠部分体积）、沟底设计体积之和计算。

159. 人防工程防护功能平战转换费用如何计算，是使用《人防工程防护功能平战转换费用计算方法》RFJ 01—2009 吗？

《人民防空工程预算定额》第一册掘开式工程 HDY 99-01-2013、《人民防空工程预算定额》第二册坑地道工程 HDY 99-02-2013 和《人民防空工程预算定额》第三册安装工程 HDY 99-03-2013 发行后，《人防工程防护功能平战转换费用计算方法》RFJ 01—2009 已废止，人防工程防护功能平战转换应使用上述人防工程预算定额，其相关定额的人工、材料、机械分别乘以相应系数调整，具体详见人防工程预算定额各册的总说明。

160. 人防工程核电磁脉冲防护系统是什么且如何计价？

人防工程核电磁脉冲防护系统计价时，应根据核电磁脉冲防护专项施工图，计算出相关工程量，列出相应工程量清单，再套用《人民防空工程预算定额（2013）》中各专业相应定额子目进行组价。

人防工程核电磁脉冲防护系统一般采用分区、分级的局部防护方案。根据工程内部设备对电磁脉冲的敏感程度把电磁脉冲的防护级别分为一、二、三级，将敏感度要求高的设备、系统集中防护，从而降低工程的造价。一、二级电磁脉冲防护措施针对的是人防工程中的重要电子设备与器材，一般采用电磁屏蔽室的局部屏蔽措施，由专业单位的技术人员施工。该措施防护区域较小，防护的技术措施复杂，造价也相对较高。工程主体结构的防护措施为三级防护，对口部、孔洞及引入工程的金属管线做相应的防护处理，使主体围护结构层能够满足电磁脉冲防护三级屏蔽的要求。

接地是电磁脉冲防护的重要措施，屏蔽需要接地，限幅、滤波需引电流入地更需接地。电磁脉冲防护需要尽可能小地冲击接地电阻，接地电阻值要求不大于1Ω。电磁脉冲防护的接地一般采用联合接地的方式，采用一个共用的水平放射状人工接地系统。接地体采用辐射状水平接地体和垂直接地体综合接地装置，埋设在水库基础下、建筑排水沟下、大跨度机房或库房的地坪下等处。对于接地环境差的地区，还会采取挖换土槽、回填田园土以及灌长效降阻剂等方法降低接地电阻。人防工程电磁脉冲防护施工时，需要土建结构、通风空调、给水排水、电气及信息系统等专业结合进行。

161. 人防工程维修养护如何计价，是否可以选用建设工程的《房屋修缮工程定额》？

人防工程的战备要求高、防护标准高、防护（化）设备设施多，加上地下结构复杂、环境潮湿等因素，人防工程维修养护的要求与难度都比较高，因此人防工程的维修养护建设工程应采用《人防工程维修养护定额》。人防工程中涉及拆除、安装、更换等与《房屋修缮工程定额》相同或相近的定额子目，则未编入《人防工程维修养护消耗量定额》，实际操作可按《房屋修缮工程定额》对应子目执行。

建设工程的《房屋修缮工程定额》适用于竣工交付使用的工业或民用建筑物、构筑物工程项目更新改造、设备维修、更换等施工作业，以恢复、改善其使用功能，它主要侧重于房屋建筑的修缮，包括拆除、安装、维修等项目。由于人防工程及防护设备设施的维修和保养等方面的内容在建设工程的《房屋修缮工程定额》中没有涉及，或者是深度和广度无法满足人防工程维修养护的要求，需要采用专业的《人防工程维修养护定额》。《人防工程维修养护定额》适用于已投入使用的各类人防工程的维修养护项目，侧重于人防工程及防护设备设施的维修和保养，以确保人防工程战时功能的完好。定额主要包括防护设施及其他，消防系统，给水、排水、供油系统，供暖、通风、空气调节系统，电气系统，信息系统等。

附　录

　　人防工程标准、规范、图集、政策法规、技术文件等资料是人防工程设计、施工、验收和维护管理的依据，收集、整理一个目录很有意义。尤其是人防工程有许多地方性规范、规定或政策不为外人熟知，经常因此产生错误。为开阔视野，我们也希望收集、整理部分国外防护工程设计标准等资料，目前只暂列了美国的资料。

　　收集、整理资料当然是越齐全越准确越好，但因为承担收集和整理任务的人员受业务范围和精力等所限，各地完成情况不一，有的较齐全，但有的较简略，有的详细标出了来源和是否仍有效等信息，但有的只是简单列出。由于时间和水平等原因，丛书出版之前难以使之更加完善。本着抛砖引玉的想法，我们将收集的资料列出，仅供参考。资料汇总目录将在"人防问答"网上持续更新，欢迎读者登录该网积极提供并反馈信息。

全国通用人防工程资料目录
（安国伟整理）

一、设计

（一）标准规范

1.《人民防空工程供电标准》RFJ 3—1991

2.《人民防空工程基本术语》RFJ 1—1991

3.《人民防空工程照明设计标准》RFJ 1—1996

4.《人民防空地下室设计规范》GB 50038—2005

5.《人民防空工程设计防火规范》GB 50098—2009

6.《地下工程防水技术规范》GB 50108—2008

7.《轨道交通工程人民防空设计规范》RFJ 02—2009

8.《人民防空工程防化设计规范》RFJ 013—2010

9.《人民防空医疗救护工程设计标准》RFJ 005—2011

10.《城市居住区人民防空工程规划规范》GB 50808—2013

11.《汽车库、修车库、停车场设计防火规范》GB 50067—2014

（二）标准图集

1.《塑料模壳钢筋混凝土双向密肋板通用图集》91RFMLB

2.《人民防空地下室设计规范》图示—建筑专业 05SFJ10

3.《人民防空地下室设计规范》图示—给水排水专业 05SFS10

4.《人民防空地下室设计规范》图示—通风专业 05SFK10

5.《人民防空地下室设计规范》图示—电气专业 05SFD10

6.《防空地下室室外出入口部钢结构装配式防倒塌棚架结构设计》05SFG04

7.《防空地下室室外出入口部钢结构装配式防倒塌棚架建筑设计》05SFJ05

8.《防空地下室室外出入口部钢结构装配式防倒塌棚架 建筑、结构（设计、加工）合订本》05SFJ05、05SFG04

9.《人防工程防护设备图集》RFJ 01—2005

10.《防空地下室建筑设计示例》07FJ01

11.《防空地下室建筑构造》07FJ02

12.《防空地下室防护设备选用》07FJ03

13.《防空地下室移动柴油电站》07FJ05

14.《防空地下室设计荷载及结构构造》07FG01

15.《钢筋混凝土防倒塌棚架》07FG02

16.《防空地下室板式钢筋混凝土楼梯》07FG03

17.《钢筋混凝土门框墙》07FG04

18.《钢筋混凝土通风采光窗井》07FG05

19.《防空地下室给排水设施安装》07FS02

20.《防空地下室通风设计示例》07FK01

21.《防空地下室通风设备安装》07FK02

22.《防空地下室电气设计示例》07FD01

23.《防空地下室电气设备安装》07FD02

24.《防空地下室建筑设计（2007 年合订本）》FJ01~03

25.《防空地下室结构设计（2007 年合订本）》FG01~05

26.《防空地下室通风设计（2007 年合订本）》FK01~02

27.《防空地下室电气设计（2007 年合订本）》FD01~02

28.《防空地下室固定柴油电站》08FJ04

29.《防空地下室施工图设计深度要求及图样》08FJ06

30.《人民防空工程防护设备选用图集》RFJ 01—2008

31.《防空地下室给排水设计示例》09FS01

32.《人防工程设计大样图》RFJ 05—2009

33.《城市轨道交通人防工程口部防护设计》11SFJ07

34.《人民防空工程复合材料（玻璃纤维增强塑料）轻质人防门选用图集》RFJ 003—2013

35.《人民防空工程复合材料轻质人防门选用图集》RFJ 002—2016

36.《人民防空工程复合材料（连续玄武岩纤维）人防门选用图集》RFJ 002—2018

（三）政策法规

1.《中华人民共和国人民防空法》（2009 修正），全国人大常委会，1997 年 1 月 1 日施行

2.《关于规范防空地下室易地建设收费的规定》（计价格〔2000〕474 号），国家国防动员委员会等，2000 年 4 月 27 日施行

3.《人民防空工程建设监理暂行规定》（〔2001〕国人防办字第 7 号），国家人民防空办公室，2001 年 3 月 1 日起施行

4.《人民防空工程平时开发利用管理办法》（〔2001〕国人防办字第 211 号），国家人民防空办公室，2001 年 11 月 1 日起施行

5.《人民防空工程建设管理规定》（国人防办字〔2003〕第 18 号），国家国防动员委员会等，2003 年 2 月 21 日发布施行

6.《人民防空工程设计管理规定》（国人防〔2009〕280 号），国家人民防空办公室，2009 年 7 月 20 日施行

7.《人民防空工程施工图设计文件审查管理办法》（国人防〔2009〕282 号），国家人民防空办公室，2009 年 7 月 20 日施行

8.《关于全国人防系统统一采用卫星通信信道和传输设备有关问题的通知》（国人防〔2009〕285 号）

（四）技术文件

1.《全国民用建筑工程设计技术措施—防空地下室》2009JSCS—6

2.《平战结合人民防空工程设计指南》2014SJZN—PZJH

3.《防空地下室结构设计手册》RFJ 04—2015（共 4 册）

二、施工与验收

1.《人民防空工程施工及验收规范》GB 50134—2004

2.《地下防水工程质量验收规范》GB 50208—2011

3.《人民防空工程质量验收与评价标准》RFJ 01—2015

三、产品

1.《人民防空工程防护设备产品质量检验与施工验收标准》RFJ 01—2002

2.《人民防空工程防护设备试验测试与质量检测标准》RFJ 04—2009

3.《人民防空工程复合材料防护密闭门、密闭门标准》RFJ 001—2016

4.《人民防空工程复合材料（连续玄武岩纤维）防护密闭门、密闭门质量检测标准》RFJ 001—2018

5.《RFP 型人防过滤吸收器制造与验收规范（暂行）》RFJ 006—2021

6.《人民防空工程复合材料（玻璃纤维增强塑料）防护设备质量检测标准（暂行）》RFJ 004—2021

7.《人防工程防护设备产品与安装质量检测标准（暂行）》RFJ 003—2021

四、造价定额

1.《人防工程概算定额》（2007）国家人民防空办公室

2.《人防工程工期定额》（2007）国家人民防空办公室

3.《人民防空工程建设造价管理办法》（国人防〔2010〕287 号），国家人民防空办公室

4.《人民防空工程防护（化）设备信息价管理办法》（国人防〔2010〕291 号），国家人民防空办公室

5.《人民防空工程投资估算编制规程》RF/T 005—2012

6.《人民防空工程估算指标》，国家人防防空办公室，2012 年 6 月 18 日实施

7.《人民防空工程预算定额》共分四册：第一册掘开式工程 HDY99—01—2013；第二册坑地道式工程 HDY99—02—2013；第三册安装工程 HDY99—03—2013；第四册附录，国家人民防空办公室，2013 年 10 月 29 日实施

8.《人民防空工程工程量清单计价规范》RFJ 02—2015

9.《人民防空工程工程量计算规范》RFJ 03—2015

10.《关于实施建筑业"营改增"后人防工程计价依据调整的通知》（防定字〔2016〕20 号），国家人防工程标准定额站，2016 年 5 月 1 日执行

五、维护管理

1.《人防工程平时使用环境卫生要求》GB/T 17216—2012

2.《人民防空工程设备设施标志和着色标准》RFJ 01—2014

3.《人民防空工程维护管理技术规程》RFJ 05—2015

六、其他

国家人民防空办公室与中央电视台 7 频道《和平年代》栏目联合拍摄 10 集大型人防电视纪录片《我身边的人防——人民防空创新发展纪实》

北京市人防工程资料目录
（卫军锋整理）

一、标准规范

1.《防空地下室通风图》（通风部分 内部试用）FJT—2003

2.《人防工程防护设备优选图集》华北标 BJ 系统图集 14BJ15—1

3.《北京市人民防空工程平时使用设计要点（试行）》（京人防办发〔2019〕35 号附件），2019 年 3 月 25 日印发

4.《平战结合人民防空工程设计规范》DB11/ 994—2021

二、政策法规

1.《北京市人民防空工程建设与使用管理规定》（北京市人民政府令第 1 号），1998 年 5 月 1 日实施

2.《北京市人民防空条例》，北京市第十一届人大常委会第 33 次会议通过，2002 年 5 月 1 日实施

3. 关于印发《北京市民防规范行政处罚自由裁量权行使规定》和《北京市民防规范行政处罚自由裁量权细化标准（试行）》的通知，北京市民防局，2010 年 11 月 29 日施行

4. 关于《关于落实中小学校舍安全工程有关人防工程建设政策的通知》的备案报告（京民防规备字〔2011〕9 号），北京市民防局、北京市教育委员会，2011 年 3 月 5 日施行

5. 关于印发《北京市民防行政处罚规程》的通知（京民防发〔2013〕142 号），北京市民防局，2013 年 9 月 22 日施行

6. 关于印发《北京市民防行政处罚信息归集制度（试行）》的通知（京民防发〔2014〕92 号），北京市民防局，2014 年 9 月 4 日施行

7. 关于《北京市人民防空工程建设审批档案管理办法》的备案报告（京民防规备字〔2015〕1 号），北京市民防局，2015 年 1 月 26 日施行

8. 关于印发《北京市固定资产投资项目结合修建人民防空工程审批流程（试行）》的通知（京民防发〔2015〕11 号），北京市民防局，2015 年 3 月 1 日起试行

9. 关于印发《北京市民防行政处罚裁量基准》的通知（京民防发〔2015〕85 号），北京市民防局，2015 年 11 月 25 日施行

10. 关于修订《结合建设项目配建人防工程面积指标计算规则（试行）》并继续试行的通知（京民防发〔2016〕47 号），北京市民防局，2016 年 6 月 28 日施行

11.《关于细化北京市防空地下室易地建设条件的通知》（京民防发〔2016〕54 号），北京市民防局，2016 年 6 月 30 日施行

12. 关于印发《结合建设项目配建人防工程战时功能设置规则（试行）》的通知（京民防发〔2016〕83 号），北京市民防局，2016 年 11 月 14 日施行

13.《关于加强社区防空和防灾减灾规范化建设的意见》（京民防发〔2016〕91 号），北京市民防局，2016 年 12 月 2 日施行

14.《关于进一步加强中小学防空防灾教育的实施意见》（京民防发〔2016〕96 号），北京市民防局，2016 年 12 月 29 日施行

15.《关于城市地下综合管廊兼顾人民防空需要的通知（暂行）》（京民防发〔2017〕73 号），北京市民防局，2017 年 7 月 18 日施行

16.《关于清理规范人防工程改造施工图设计文件专项审查中介服务事项的通知》（京民防发〔2017〕100 号），北京市民防局，2017 年 10 月 31 日施行

17.《关于废止部分行政规范性文件的通知》（京民防发〔2017〕123 号），北京市民防局，2017 年 12 月 22 日施行

18. 关于进一步优化《北京市固定资产投资项目结合修建人民防空工程审批流程》的通知（京民防发〔2017〕120 号），北京市民防局，2017 年 12 月 25 日施行

19.《关于进一步优化营商环境深化建设项目行政审批流程改革的意见》（市

规划国土发〔2018〕69 号），北京市规划和国土资源管理委员会，2018 年 3 月 7 日施行

20. 关于印发《北京市人民防空工程和普通地下室规划用途变更管理规定》的通知（京民防发〔2018〕78 号），北京市民防局，2018 年 8 月 21 日施行

21. 关于印发《"人民防空工程监理乙级、丙级资质许可"告知承诺暂行办法》的通知（京人防发〔2018〕3 号），北京市人民防空办公室，2018 年 11 月 8 日施行

22. 关于印发《"人民防空工程设计乙级资质许可"告知承诺暂行办法》的通知（京人防发〔2018〕2 号），北京市人民防空办公室，2018 年 11 月 8 日施行

23.《关于废止部分工程建设审批领域行政规范性文件的通知》（京人防发〔2018〕7 号），北京市人民防空办公室，2018 年 11 月 16 日施行

24. 印发《关于优化新建社会投资简易低风险工程建设项目审批服务的若干规定》的通知（京政办发〔2019〕10 号），北京市人民政府办公厅，2019 年 4 月 28 日施行

25. 关于印发《北京市人民防空办公室关于建立人民防空行业市场责任主体守信激励和失信惩戒制度的实施办法（试行）》的通知（京人防发〔2019〕72 号），北京市人民防空办公室，2019 年 5 月 31 日施行

26. 关于印发《北京市防空地下室面积计算规则》的通知（京人防发〔2019〕69 号），北京市人民防空办公室，2019 年 6 月 3 日施行

27. 关于印发《北京市人民防空办公室行政规范性文件制定和管理办法》的通知（京人防发〔2019〕71 号），北京市人民防空办公室，2019 年 6 月 3 日施行

28. 关于印发《北京市防空地下室易地建设管理办法》的通知（京人防发〔2019〕79 号），北京市人民防空办公室，2019 年 8 月 1 日施行

29. 关于印发《平时使用人民防空工程批准流程》《人防工程拆除批准流程》《人防工程改造批准流程》《人民防空警报设施拆除批准流程》的通知（京人防发〔2019〕111 号），北京市人民防空办公室，2019 年 9 月 11 日施行

30.《北京市人民防空办公室关于废止部分行政规范性文件的通知》（京人防发〔2019〕151 号），北京市人民防空办公室，2019 年 12 月 23 日施行

31.《关于修改 20 部规范性文件部分条款的通知》（京人防发〔2019〕152 号），北京市人民防空办公室，2019 年 12 月 3 日施行

32.《关于废止部分行政规范性文件的通知》（京人防发〔2020〕9 号），北京市人民防空办公室，2020 年 2 月 18 日施行

33. 关于印发《关于利用地下空间设置智能快件箱的指导意见》的通知（京人防发〔2020〕76 号），北京市人民防空办公室，2020 年 8 月 7 日施行

34. 关于印发《北京市人民防空办公室关于建立人民防空行业市场责任主体守信激励和失信惩戒制度的实施办法（试行）》的通知（京人防发〔2020〕86 号），北京市人民防空办公室，2020 年 11 月 1 日施行

35.《北京市人民防空办公室关于规范结合建设项目新修建的人防工程抗力等级

的通知》（京人防发〔2020〕93 号），北京市人民防空办公室，2020 年 11 月 30 日施行

36. 北京市人民防空办公室关于印发《人民防空地下室设计方案规划布局指导性意见》的通知（京人防发〔2020〕105 号），北京市人民防空办公室，2021 年 1 月 8 日施行

37. 北京市人民防空办公室关于印发《结合建设项目配建人防工程面积指标计算规则（试行）》的通知（京人防发〔2020〕106 号），北京市人民防空办公室，2021 年 1 月 15 日施行

38. 北京市人民防空办公室关于印发《结合建设项目配建人防工程战时功能设置规则（试行）》的通知（京人防发〔2020〕107 号），北京市人民防空办公室，2021 年 1 月 15 日施行

39. 北京市人民防空办公室关于印发《北京市人民防空系统行政处罚裁量基准（2021 年修订稿）》的通知（京人防发〔2021〕60 号），北京市人民防空办公室，2021 年 6 月 11 日施行

40. 北京市人民防空办公室关于印发《北京市人民防空系统行政违法行为分类目录（2021 年修订稿）》的通知，北京市人民防空办公室，2021 年 6 月 11 日施行

41. 北京市人民防空办公室关于印发《北京市人防行政处罚规程》的通知（京人防发〔2021〕63 号），北京市人民防空办公室，2021 年 6 月 16 日施行

42. 北京市人民防空办公室关于印发《北京市人防行政执法管理办法》的通知（京人防发〔2021〕62 号），北京市人民防空办公室，2021 年 7 月 15 日施行

43. 北京市人民防空办公室关于印发《北京市人防行政执法管理办法》的通知（京人防发〔2021〕62 号），北京市人民防空办公室，2021 年 6 月 16 日施行

44. 北京市人民防空办公室关于取消人民防空工程设计乙级及监理乙、丙级资质认定的通知（京人防发〔2021〕64 号），北京市人民防空办公室，2021 年 7 月 2 日施行

45. 北京市人民防空办公室 北京市住房和城乡建设委员会关于印发《新能源电动汽车充电设施在人防工程内安装使用指引》的通知（京人防发〔2021〕72 号），北京市人民防空办公室，2021 年 8 月 5 日施行

三、技术文件

1.《平战结合人民防空工程设计指南》，中国建筑标准设计研究院有限公司，张瑞龙、袁代光等，2014 年 5 月

2.《北京市人民防空工程平时使用设计要点（试行）》，北京市建筑设计研究院有限公司，2019 年 3 月 25 日施行

四、施工与验收

1. 关于印发《人防工程竣工验收备案管理办法》的通知，北京市民防局，2014 年 6 月 21 日施行

2. 关于印发《北京市人民防空工程质量监督管理规定》的通知（京民防发

〔2015〕90 号），北京市民防局，2015 年 12 月 9 日施行

3. 关于印发《北京市城市基础设施人民防空防护工程建设管理暂行办法》的通知（京人防发〔2018〕22 号），北京市人民防空办公室，2018 年 11 月 29 日施行

4. 关于印发《北京市人民防空工程竣工验收办法》的通知（京人防发〔2019〕4 号），北京市人民防空办公室，2019 年 1 月 21 日施行

5. 关于印发《北京市人民防空工程质量监督管理规定》的通知（京人防发〔2019〕119 号），北京市人民防空办公室，2019 年 10 月 12 日施行

五、产品

1.《关于采用新型人防工程防化及防护设备产品的通知》，北京市民防局，2011 年 6 月 9 日施行

2.《人民防空工程防护设备安装技术规程　第 1 部分：人防门》DB11/T 1078.1—2014，北京市民防局、原总参工程兵第四设计研究院，2014 年 10 月 1 日施行

3.《关于做好北京市人防专用设备生产安装管理工作的意见》（京民防发〔2015〕28 号），2015 年 5 月 1 日实施

4. 关于印发《北京市人防工程防护设备质量检测实施细则》的通知（京民防发〔2015〕57 号），北京市民防局，2015 年 7 月 19 日施行

5. 关于印发《北京市人防工程专用设备销售合同备案管理办法》的通知（京民防发〔2016〕94 号），北京市民防局，2017 年 1 月 11 日施行

6.《关于清理规范人民防空工程竣工验收前人防设备质量检测中介服务事项的通知》（京民防发〔2017〕78 号），北京市民防局，2017 年 8 月 3 日施行

7. 关于转发国家人民防空办公室、国家认证认可监督管理委员会《关于规范人防工程防护设备检测机构资质认定工作的通知》（国人防〔2017〕271 号）的通知（京民防发〔2018〕6 号），北京市民防局，2018 年 2 月 6 日施行

六、造价定额

《关于进一步落实养老和医疗机构减免行政事业性收费有关问题的通知》（京民防发〔2016〕43 号），北京市民防局，2016 年 6 月 15 日印发

七、维护管理

1. 关于印发《实施〈北京市房屋租赁管理若干规定〉细则》的通知（京民防发〔2008〕44 号），北京市民防局，2008 年 3 月 18 日施行

2. 关于修改《北京市人民防空工程和普通地下室安全使用管理办法》的决定（北京市人民政府令第 236 号），北京市人民政府，2011 年 7 月 5 日施行

3.《北京市人民防空工程和普通地下室安全使用管理办法》（北京市人民政府令第 277 号），北京市人民政府办公厅，2018 年 2 月 12 日施行

4. 关于印发《北京市地下空间使用负面清单》的通知（京人防发〔2019〕136 号），北京市人民防空办公室，2019 年 10 月 28 日施行

5. 关于印发《北京市人民防空工程平时使用行政许可办法》的通知（京人防发〔2019〕105 号），北京市人民防空办公室，2019 年 10 月 1 日施行

6.关于印发《用于居住停车的防空地下室管理办法》的通知（京人防发〔2019〕57号），北京市人民防空办公室，2019年4月30日施行

7.《关于新型冠状病毒感染的肺炎疫情防控期间人防工程使用管理相关工作的通知》（京人防发〔2020〕7号），北京市人民防空办公室，2020年2月6日施行

8.关于印发《北京市人防空工程内有限空间安全管理规定》的通知（京人防发〔2020〕48号），北京市人民防空办公室，2020年5月5日施行

9.关于印发《北京市人民防空工程维护管理办法（试行）》的通知（京人防发〔2020〕81号），北京市人民防空办公室，2020年8月31日施行

八、其他

《北京市房屋建筑工程施工图多审合一技术审查要点（试行）》2018年版

上海市人防工程资料目录
（周锋整理）

1.《上海市民防条例》（公报2018年第八号），上海市人民代表大会常务委员会，1999年8月1日实施，2018年12月20日修订

2.《上海市民防工程建设和使用管理办法》（上海市人民政府令第30号），2002年12月18日上海市人民政府令第129号发布，2018年12月7日修正并重新公布

3.《上海市民防工程平战转换若干技术规定》（沪民防〔2012〕32号），上海市民防办公室，2012年6月1日起实施

4.《上海市人民防空地下室施工图技术性专项审查指引（试行）》（沪民防〔2019〕7号），上海市民防办公室，2019年1月14日实施

5.《上海市民防工程维护管理技术规程》（沪民防〔2019〕82号），上海市民防办公室，2020年1月1日起施行

6.《上海市民防工程标识系统技术标准》DB 31MF/Z 002—2022，2022年6月30日起施行

7.《上海市工程建设项目民防审批和监督管理规定》（沪民防规〔2020〕3号），上海市民防办公室，2021年1月1日起实施，有效期至2025年12月31日

8.《上海市民防建设工程人防门安装质量和安全管理规定》（沪民防规〔2021〕1号），上海市民防办公室，2021年3月8日起实施，有效期至2026年3月7日

9.《上海市民防工程使用备案管理实施细则》（沪民防规〔2021〕5号），上海市民防办公室，2021年12月1日起实施，有效期至2026年11月30日

10.《上海市城市地下综合管廊兼顾人民防空需要技术要求》DB 31MF/Z 002—2021，2021年12月1日起施行

江苏省人防工程资料目录

（朱波、宋华成整理 ）

1. 省民防局关于《加强人防工程防护设备产品买卖合同管理》的通知（苏防〔2011〕8 号），江苏省民防局，2011 年 2 月 24 日起施行

2. 省民防局关于《采用新型防护设备产品》的通知（苏防〔2012〕32 号），江苏省民防局，2012 年 8 月 1 日施行

3.《江苏省物业管理条例》，江苏省人民代表大会常务委员会，2013 年 5 月 1 日起施行

4. 省民防局关于印发《江苏省民防工程防护设备设施质量检测管理实施细则（试行)》的通知（苏防规〔2013〕2 号），江苏省民防局，2013 年 7 月 11 日起施行

5. 省民防局关于印发《江苏省民防工程防护设备监督管理规定》的通知（苏防规〔2013〕1 号），江苏省民防局，2013 年 9 月 1 日起施行

6. 省民防局关于《统一全省人防工程防护设备标识设置》的通知（苏防〔2015〕28 号），江苏省民防局，2015 年 6 月 3 日起施行

7. 省民防局关于印发《江苏省人民防空工程项目审查办法》的通知（苏防〔2015〕52 号），江苏省民防局，2015 年 9 月 6 日起施行

8.《省政府办公厅关于推动人防工程建设与城市地下空间开发融合发展的意见》（苏政办发〔2016〕72 号），江苏省人民政府办公厅

9.《江苏省政府办公厅关于加强人防工程维护管理工作的意见》（苏政办发〔2016〕111 号），江苏省人民政府办公厅，2016 年 10 月 18 日起施行

10.《关于进一步明确人防工程建设质量监督有关问题的通知》（苏防〔2016〕79 号），江苏省民防局，2016 年 12 月 5 日起施行

11. 省民防局关于印发《江苏省防空地下室建设实施细则（试行)》的通知（苏防规〔2016〕1 号），江苏省民防局，2017 年 1 月 1 日起施行

12.《省民防局关于全面开展人防工程防护设备质量检测工作的通知》（苏防〔2018〕13 号），江苏省民防局，2018 年 2 月 26 日起施行

13.《江苏省城乡规划条例》，江苏省人民代表大会常务委员会，2018 年 3 月 28 日起施行

14.《人民防空食品药品储备供应站设计规范》DB32/T 3399—2018，江苏省质量技术监督局，2018 年 5 月 10 日发布，2018 年 6 月 10 日起实施

15.《江苏省人民防空工程维护管理实施细则》，江苏省人民政府，2018 年 10 月 24 日起施行

16. 关于印发《江苏省人民防空工程标识技术规定》的通知（苏防〔2018〕71 号），江苏省人民防空办公室

17.《江苏省人防工程竣工验收备案管理办法》（苏防〔2018〕81 号），江苏省人民防空办公室，2018 年 12 月 29 日起施行

18. 省人防办关于印发《江苏省人民防空工程建设平战转换技术管理规定》的通知（苏防〔2018〕70 号），江苏省人民防空办公室，2019 年 1 月 1 日起施行

19. 省人防办关于印发《江苏省人防工程建设领域信用管理暂行办法（试行）》的通知（苏防〔2019〕82 号），江苏省人民防空办公室，2019 年 10 月 20 日起施行

20.《江苏省人民防空工程质量监督管理办法》（苏防规〔2019〕1 号），江苏省人民防空办公室，2019 年 10 月 20 日起施行

21.《江苏省防空地下室易地建设审批管理办法》（苏防〔2019〕106 号），江苏省人民防空办公室，2019 年 11 月 20 日发布，2020 年 1 月 1 日起执行

22.《江苏省人民防空工程建设使用规定》，江苏省人民政府，2020 年 1 月 1 日起施行

23. 省人防办关于印发《江苏省人民防空工程面积测绘指南（试行）》的通知（苏防〔2020〕58 号），江苏省人民防空办公室，2020 年 11 月 12 日起施行

24. 省人防办关于印发《江苏省人民防空工程监理管理办法》的通知（苏防规〔2021〕1 号），江苏省人民防空办公室，2021 年 5 月 15 日起施行

25. 江苏省实施《中华人民共和国人民防空法》办法，江苏省人民代表大会常务委员会，2021 年 11 月 2 日起施行

安徽省人防工程资料目录
（王为忠整理）

一、现行规范性文件

1.《安徽省人民政府关于依法加强人民防空工作的意见》（皖政〔2017〕2 号），人防办，2017 年 8 月 30 日起施行

2. 安徽省实施《中华人民共和国人民防空法》办法，1998 年 8 月 15 日安徽省第九届人民代表大会常务委员会第五次会议通过，1999 年 10 月 15 日第一次修正，2006 年 10 月 21 日第二次修正，2020 年 9 月 29 日修订

3.《安徽省实施〈中华人民共和国人民防空法〉办法》释义

4. 安徽省人防办、省发展改革委、省国土资源厅、省住房和城乡建设厅、省工商监督管理局、省政府金融办、中国人民银行合肥中心支行《关于建立房地产企业使用人防工程信用承诺制度的通知》（皖人防〔2018〕122 号），太湖县住房和城乡建设局，2020 年 11 月 16 日发布

5.《安徽省住房和城乡建设厅、安徽省人民防空办公室关于加强城市地下空间暨人防工程综合利用规划管理》（建规〔2015〕289 号），安徽省住房和城乡建设厅，安徽省人民防空办公室，2015 年 12 月 10 日发布

6.《安徽省民用建筑防空地下室建设审批改革实施意见》（皖人防〔2020〕2 号），安徽省人民防空办公室综合处，2020 年 5 月 8 日发布

7.《安徽省人民防空办公室 安徽省财政厅关于加强人防工程易地建设工作的通

知》(皖人防〔2019〕94 号),安徽省人民防空办公室、安徽省财政厅,2019 年 12 月 16 日发布

8.《安徽省人民防空办公室关于明确防空地下室易地建设面积指标的通知》(皖人防〔2020〕16 号),安徽省人民防空办公室,2020 年 3 月 12 日发布

9.《关于进一步优化施工许可和竣工验收阶段有关事项办理流程的通知》(建市〔2020〕26 号),安徽省住房城乡建设厅、安徽省人防办,2020 年 4 月 15 日发布

10.《关于进一步规范防空地下室易地建设费减免有关事项的通知》(皖人防〔2020〕60 号),安徽省人民防空办公室工程处,2020 年 7 月 13 日发布

11.安徽省人民防空办公室关于印发《安徽省防空地下室易地建设审批管理办法》的通知(皖人防〔2020〕62 号),安徽省人民防空办公室工程处,2020 年 7 月 13 日发布

12.安徽省人民防空办公室关于印发《安徽省人民防空工程质量监督管理办法》的通知(皖人防〔2020〕63 号),安徽省人民防空办公室,2020 年 12 月 3 日发布

13.《安徽省人防工程质量监督实施细则》(皖人防〔2020〕40 号),安徽省人民防空办公室,2020 年 5 月 11 日发布

14.《关于进一步加强城市住宅小区防空地下室维护管理的通知》(皖人防〔2018〕160 号),安徽省人防办、省住房和城乡建设厅,2018 年 11 月 12 日发布

15.《安徽省人民防空办公室关于人防工程平战功能转换要求的通知》(皖人防〔2016〕131 号),安徽省人民防空办公室,2017 年 1 月 1 日发布

16.《安徽省人民防空办公室关于印发〈安徽省人民防空工程标识技术规定〉的通知》(皖人防〔2020〕66 号),安徽省人民防空办公室,2016 年 9 月 23 日发布

17.《安徽省人民防空办公室关于进一步明确人防工程专用设备和生产安装企业资质要求的通知》(皖人防〔2019〕5 号),安徽省人民防空办公室,2019 年 1 月 14 日发布

18.《安徽省人民防空办公室关于省外人防从业企业入皖备案实行告知承诺制管理有关事项的通知》(皖人防综〔2019〕22 号),安徽省人民防空办公室,2018 年 11 月 12 日发布

19.《安徽省人民防空办公室关于印发〈安徽省人防工程防护质量检测管理办法〉的通知》(皖人防〔2020〕72 号),安徽省人民防空办公室,2020 年 9 月 4 日发布

20.《安徽省人民防空办公室关于规范人防工程防护设备检测合格证发放的通知》(皖人防综〔2018〕87 号),安徽省人民防空办公室,2018 年 11 月 12 日发布

21.《安徽省人民防空办公室 安徽省财政厅关于加强人防工程易地建设工作的通知》(皖人防〔2019〕38 号),滁州市人民防空办公室,2019 年 5 月 22 日发布

22.《安徽省人民防空办公室关于优化人防工程防护防化设备市场营造公平竞争市场环境的指导意见》(皖人防〔2020〕73 号),安徽省人民防空办公室,2020 年 9 月 14 日发布

23.安徽省人民防空办公室关于颁布实施《安徽省人防工程费用定额》的通知(皖

人防〔2020〕74号），安徽省人民防空办公室，2020年9月4日发布

24. 安徽省人民防空办公室关于印发《审批建设防空地下室有关问题的指导意见（试行）》的通知（皖人防〔2021〕32号），安徽省人民防空办公室综合处，2021年8月27日发布

25. 关于印发《安徽省人防工程建设企业从业信用状况分类管理办法（试行）》的通知（皖人防〔2022〕13号），安徽省人民防空办公室法规宣传处，2022年6月24日发布

26. 安徽省人民防空办公室关于印发《安徽省人防工程建设企业从业信用状况分类评分规则》的通知（皖人防〔2022〕14号），安徽省安庆市人防办，2022年6月28日发布

二、废止的规范性文件

1.《安徽省人民防空办公室关于实行人防工程设计及施工图审查单位资质备案管理的通知》（皖人防办〔2012〕18号），废止时间2020年5月12日

2.《安徽省人民防空关于办公室关于进一步加强人防工程设计及施工图审查管理工作的通知》（皖人防办〔2012〕61号），废止时间2020年5月12日

3.《安徽省人民防空办公室关于印发人防示范工程建设基本要求的通知》（皖人防办〔2012〕53号），废止时间2020年5月12日

4.《安徽省人民防空办公室关于广德县人防工程质量监督工作实行代管的通知》（皖人防办〔2012〕73号），废止时间2020年5月12日

5.《安徽省人民防空办公室关于宿松县人防工程质量监督工作实行代管的通知》（皖人防办〔2012〕74号），废止时间2020年5月12日

6.《安徽省人民防空办公室关于开展人防工程乙级监理资质申报工作的通知》（皖人防办〔2012〕111号），废止时间2020年5月12日；执行《安徽省人民防空办公室关于印发"证照分离"改革事项优化审批和强化监管具体措施的通知》（皖人防综〔2018〕88号），安徽省人民防空办公室，2018年11月19日发布

7. 安徽省人民防空办公室关于印发《安徽省人民防空工程建设监理管理暂行规定》的通知（皖人防办〔2012〕122号），废止时间2020年5月12日；国家人民防空办公室关于印发《人防工程监理行政许可资质管理办法》的通知（国人防〔2013〕227号）文件，国家人民防空办公室，2013年3月15日发布

8. 安徽省人民防空办公室关于认真执行《安徽省人民防空工程建设监理管理暂行规定》的通知（皖人防〔2013〕37号），废止时间2020年5月12日；执行国家人防办《人防工程监理行政许可资质管理办法》（国人防〔2013〕227号），国家人民防空办公室，2013年3月15日发布

9.《安徽省人民防空办公室关于开展人防工程监理乙级资质申报工作的通知》（皖人防〔2013〕59号），废止时间2020年5月12日；执行《安徽省人民防空办公室关于印发"证照分离"改革事项优化审批和强化监管具体措施的通知》（皖人防综〔2018〕88号），安徽省人民防空办公室，2018年11月19日发布

10.《安徽省人民防空办公室关于申报乙级及以下人防工程监理资质等级人员条件和丙级资质业务范围通知》（皖人防〔2013〕88号），废止时间2020年5月12日；执行国家人防办《人防工程监理行政许可资质管理办法》（国人防〔2013〕227号），国家人民防空办公室，2013年3月15日发布

11.《安徽省人民防空办公室关于开展省内人防工程专业设计乙级资质认定工作的通知》（皖人防〔2013〕137号），废止时间2020年5月12日；执行《安徽省人民防空办公室关于印发"证照分离"改革事项优化审批和强化监管具体措施的通知》（皖人防综〔2018〕88号），安徽省人民防空办公室，2018年11月19日发布

12.《安徽省人民防空办公室关于发布人防工程防护设备产品检测信息价的通知》（皖人防〔2014〕5号），废止时间2020年5月12日

13.《安徽省人民防空办公室关于省外甲级人防工程监理设计单位备案有关事项的通知》（皖人防〔2015〕127号），废止时间2020年5月12日；执行《安徽省人民防空办公室关于省外人防从业企业入皖备案实行告知承诺制管理有关事项的通知》（皖人防综〔2019〕22号），安徽省人民防空办公室，2019年5月29日发布

14.《安徽省人民防空办公室关于减违规增设的人防工程监理乙级资质专家评审特别程序的通知》（皖人防〔2016〕9号），废止时间2020年5月12日

15.《安徽省人民防空办公室关于进一步规范人防工程防护（化）设备信息价发布和使用工作的通知》（皖人防〔2016〕50号），废止时间2020年5月12日，自2018年7月份开始，安徽省人防办不再发布防护防化设备价格信息

16.《安徽省人民防空办公室关于明确外省甲级人防工程设计单位备案专业人员配置数量的批复》（皖人防〔2016〕73号），废止时间2020年5月12日

17.《安徽省人民防空办公室关于统一印制使用人防工程施工图审查合格书的通知》（皖人防〔2016〕74号），废止时间2020年5月12日；执行省住房城乡建设厅省人防办《关于进一步优化施工许可和竣工验收阶段有关事项办理流程的通知》（建市〔2020〕26号），安徽省住房和城乡建设厅、安徽省人民防空办公室，2020年4月15日发布

18.《安徽省人民防空办公室防空地下室易地建设费减免备案办理制度》（皖人防秘〔2016〕15号），废止时间2020年5月12日；执行省人防办《关于规范易地建设费减免备案程序的通知》（皖人防综〔2018〕86号），2018年5月18日发布

19.《安徽省人民防空办公室关于实行防空地下室易地建设费减免备案制度的通知》（皖人防〔2016〕43号），废止时间2020年5月12日；执行省人防办《关于规范易地建设费减免备案程序的通知》（皖人防综〔2018〕86号），2018年5月18日发布

20.《安徽省人民防空办公室 安徽省发展和改革委员会关于人防工程防护设备采购项目纳入公共资源交易平台进行交易的通知》（皖人防〔2017〕151号），废止时间2020年5月25日；执行《必须招标的工程项目规定》（中华人民共和国国家发展和改革委员会令第16号），2018年3月27日发布

21.《安徽省人民防空办公室关于依法加强人防工程防护设备市场监管的实施意见》(皖人防〔2017〕56号),废止时间2020年9月4日

22.《安徽省人民防空办公室关于依法进一步严格开展人防工程防护设备市场监管工作的通知》(皖人防〔2017〕140号),废止时间2020年9月4日

23.《安徽省人民防空办公室关于依法进一步加强人防工程防化设备市场和质量监管的通知》(皖人防〔2017〕143号),废止时间2020年9月4日

24.《安徽省人民防空办公室关于实行人防工程建设不良行为信息报告和公告制度的通知》(皖人防〔2014〕132号),废止时间2022年6月15日;执行《安徽省人防工程建设企业从业信用状况分类管理办法(试行)》的通知(皖人防〔2022〕13号),安徽省人民防空办公室、安徽省发展和改革委员会、安徽省住房和城乡建设厅、安徽省市场监督管理局,2022年6月2日发布,《安徽省人防工程建设企业从业信用状况分类评分规则》的通知(皖人防〔2022〕14号),安徽省人民防空办公室,2022年6月10日发布

25.《安徽省人民防空办公室关于印发〈人防工程防护防化设备市场信用行为监管细则〉》的通知(皖人防〔2020〕61号),废止时间2022年6月15日;执行《安徽省人防工程建设企业从业信用状况分类管理办法(试行)》的通知(皖人防〔2022〕13号),安徽省人民防空办公室、安徽省发展和改革委员会、安徽省住房和城乡建设厅、安徽省市场监督管理局,2022年6月2日发布,《安徽省人防工程建设企业从业信用状况分类评分规则》的通知(皖人防〔2022〕14号),安徽省人民防空办公室,2022年6月10日发布

26.安徽省人民防空办公室《关于印发安徽省人防工程建设"黑名单"管理暂行办法的通知》(皖人防〔2016〕76号),废止时间2022年6月15日;执行《安徽省人防工程建设企业从业信用状况分类管理办法(试行)》的通知(皖人防〔2022〕13号),安徽省人民防空办公室、安徽省发展和改革委员会、安徽省住房和城乡建设厅、安徽省市场监督管理局,2022年6月2日发布,《安徽省人防工程建设企业从业信用状况分类评分规则》的通知(皖人防〔2022〕14号),安徽省人民防空办公室,2022年6月10日发布

河北省人防工程资料目录
(孙树鹏整理)

1.关于印发《人防工程防护设备安装技术要求》的通知(冀人防工字〔2016〕35号),河北省人民防空办公室,2016年12月21日印发

2.《人民防空工程建筑面积计算规范》DB13(J)/T 222—2017,河北省住房和城乡建设厅、河北省人民防空办公室,2017年5月1日实施

3.《人民防空工程防护质量检测技术规程》DB13(J)/T 223—2017,河北省住房和城乡建设厅、河北省人民防空办公室,2017年5月1日实施

4.《人民防空工程兼作地震应急避难场所技术标准》DB13（J）/T 111—2017，河北省住房和城乡建设厅、河北省人民防空办公室，2018 年 3 月 1 日实施

5.《城市地下空间暨人民防空工程综合利用规划编制导则》DB13（J）/T 278—2018，河北省住房和城乡建设厅、河北省人民防空办公室，2019 年 2 月 1 日实施

6.《城市地下空间兼顾人民防空要求设计标准》DB13（J）/T 279—2018，河北省住房和城乡建设厅、河北省人民防空办公室，2019 年 2 月 1 日实施

7.《城市综合管廊工程人民防空设计导则》DB13（J）/T 280—2018，河北省住房和城乡建设厅、河北省人民防空办公室，2019 年 2 月 1 日实施

8.《人民防空工程平战功能转换设计标准》DB13（J）/T 8393—2020，河北省住房和城乡建设厅、河北省人民防空办公室，2021 年 4 月 1 日实施

9.《综合管廊孔口人防防护设备选用图集》DBJT 02—187—2020，河北省住房和城乡建设厅、河北省人民防空办公室，2021 年 4 月 1 日实施

山西省人防工程资料目录
（靳翔宇整理）

1.《山西省实施〈中华人民共和国人民防空法〉办法》，1998 年 11 月 30 日山西省第九届人民代表大会常务委员会第六次会议通过，1999 年 1 月 1 日起施行

2.《山西省人民防空工程维护管理办法》（山西省人民政府令第 198 号），自 2007 年 3 月 1 日起施行

3. 山西省人民政府办公厅转发省财政厅等部门《山西省防空地下室易地建设费收缴使用和管理办法》的通知（晋政办发〔2008〕61 号），2008 年 7 月 1 日施行

4.《山西省人民防空办公室关于深化行政审批制度改革加强事中事后监管的意见》（晋人防办字〔2016〕23 号），山西省人民防空办公室

5.《中共山西省委山西省人民政府关于开发区改革创新发展的若干意见》（晋政办发〔2016〕50 号），山西省人民政府办公厅，2016 年 4 月 26 日发布

6.《关于加强防空地下室建设服务监管的通知》，山西省人民防空办公室，2017 年 6 月 10 日发布

7.《关于印发企业投资项目承诺制改革试点防空地下室建设流程、事项准入清单及配套制度的通知》（晋人防办字〔2018〕19 号），山西省人民防空办公室

8.《关于进一步加强和规范建设项目人民防空审查管理的通知》（晋人防办字〔2018〕71 号），山西省人民防空办公室

9.《山西省人民防空工程建设条例》，2018 年 9 月 30 日山西省第十三届人民代表大会常务委员会第五次会议通过

10.《山西省人民政府办公厅关于转发省人防办等部门山西省防空地下室易地建设费收缴使用和管理办法的通知》（晋政办发〔2021〕82 号），山西省人民政府办公厅，自 2021 年 10 月 7 日起施行

河南省人防工程资料目录

（杨向华整理）

一、政策法规

1.《关于规范人防工程建设有关问题的通知》（豫防办〔2009〕100号），河南省人民防空办公室、河南省发展改革委员会、河南省监察厅、河南省财政厅、河南省住房和城乡建设厅，2009年7月1日实施

2.《关于印发河南省防空地下室面积计算规则的通知》（豫人防〔2017〕142号），河南省人民防空办公室，2018年1月9日发布实施

3.《关于调整城市新建民用建筑配建人防工程面积标准（试行）的通知》（豫人防〔2019〕80号），河南省人民防空办公室，2020年1月1日实施

4.《河南省住房和城乡建设厅河南省人民防空办公室关于印发〈河南省城市地下空间暨人防工程综合利用规划编制导则〉〈河南省城市地下综合管廊工程人民防空设计导则〉》（豫建城建〔2020〕384号），河南省住房和城乡建设厅、河南省人民防空办公室，2020年2月26日发布实施

5.《河南省住房和城乡建设厅河南省人民防空办公室关于印发〈河南省城市地下空间暨人防工程综合利用规划编制导则〉〈河南省城市地下综合管廊工程人民防空设计导则〉》（豫建城建〔2020〕384号），河南省住房和城乡建设厅、河南省人民防空办公室，2020年2月26日发布实施

6.《河南省人民防空工程审批管理办法》（豫人防〔2021〕27号），河南省人民防空办公室，2021年3月26日发布

7.《河南省人民防空工程平战转换技术规定》（豫人防〔2021〕70号），河南省人民防空办公室，2021年11月1日实施

二、施工与验收

1.《关于印发河南省人民防空工程质量监督实施细则的通知》（豫人防〔2017〕143号），河南省人民防空办公室，2018年1月9日发布实施

2.《河南省人民防空工程竣工验收备案管理办法》（豫人防〔2019〕75号），河南省人民防空办公室，2019年12月1日实施

3.《河南省人民防空工程监理工作规程（试行）》（豫人防〔2019〕83号），河南省人民防空办公室，2020年1月17日发布

4.《全省人防工程质量监督"随报随检随批，一次办妥"规定》（豫人防工〔2020〕5号），河南省人民防空办公室，2020年2月26日发布

三、产品

1.《关于人防工程防护设备生产标准有关问题的通知》（豫防办〔2009〕201号），河南省人民防空办公室，2009年12月8日发布

2.《关于规范全省人防工程防护设备检测机构资质认定工作的通知》（豫人防〔2018〕49号），河南省人民防空办公室、河南省质量技术监督局，2018年5月16

日发布执行《RFP 型过滤吸收器制造和验收规范（暂行）》有关事项的通知（豫人防〔2021〕9 号），河南省人民防空办公室，2021 年 8 月 30 日发布

四、造价定额

《河南省人民防空办公室关于建筑业实施"营改增"后河南省人防工程计价依据调整的通知》（豫人防〔2016〕127 号），河南省人民防空办公室，2016 年 10 月 29 日发布

五、维护管理

《河南省人民防空工程标识管理办法》的通知（豫人防〔2017〕38 号），河南省人民防空办公室，2017 年 5 月 25 日发布

六、其他

1.《关于明确依法征收人防易地建设费有关问题的通知》（豫防办〔2010〕93 号），河南省人民防空办公室，2010 年 6 月 25 日发布

2.《关于公布人防规范性文件清理结果的通知》（豫人防〔2017〕145 号），河南省人民防空办公室，2017 年 12 月 27 日发布

3.《关于印发河南省人民防空工程审批管理暂行办法的通知》（豫人防〔2017〕139 号），河南省人民防空办公室，2018 年 1 月 8 日发布实施

4.《关于印发河南省人民防空工程建设质量管理暂行办法的通知》（豫人防〔2017〕140 号），河南省人民防空办公室，2018 年 1 月 9 日发布实施

5.《河南省人民防空办公室关于印发河南省人防工程审批制度改革实施意见的通知》（豫人防〔2019〕54 号），河南省人民防空办公室，2019 年 9 月 4 日发布

6.《河南省人民防空办公室行政许可事项工作程序规范》（豫人防〔2019〕86 号），河南省人民防空办公室，2020 年 1 月 8 日发布

7.《河南省人民防空工程施工图设计文件审查要点（试行）》（豫人防〔2021〕15 号），河南省人民防空办公室、河南省住房和城乡建设厅，2021 年 3 月 1 日实施

内蒙古自治区人防工程资料目录
（任青春整理）

1.《内蒙古自治区人民防空工程建设造价管理办法》，内蒙古自治区人民防空办公室，2007 年 10 月 13 日发布

2.《内蒙古自治区人民防空工程建设管理规定》，内蒙古自治区人民政府，2013 年 1 月 17 日发布

3.《内蒙古自治区人民防空办公室关于印发人防工程建设管理相关配套文件的通知》——《内蒙古自治区人民防空工程建设质量监督管理办法》（内人防发〔2013〕16 号），内蒙古自治区人民防空办公室，2013 年 5 月 17 日发布

4.《内蒙古自治区人民防空办公室关于印发人防工程建设管理相关配套文件的通知》——《内蒙古自治区防空地下室建设程序管理办法》（内人防发〔2013〕16 号），

内蒙古自治区人民防空办公室，2013年5月17日发布

5.《内蒙古自治区人民防空办公室关于印发人防工程建设管理相关配套文件的通知》——《内蒙古自治区人民防空工程施工图设计文件审查管理办法》（内人防发〔2013〕16号），内蒙古自治区人民防空办公室，2013年5月17日发布

6.《关于规范人防工程防护设备检测》（内人发字〔2018〕11号），内蒙古自治区人民防空办公室，2018年11月1日发布

广西壮族自治区人防工程资料目录
（钟发清整理）

1.《广西壮族自治区防空地下室易地建设费收费管理规定》（桂价费字〔2003〕462号），广西壮族自治区人民防空办公室等，2004年4月1日实施

2.关于颁布实施《拆除人民防空工程审批行政许可办法》《新建民用建设项目审批批准行政许可办法》的通知（桂人防办字〔2006〕23号），2006年3月3日实施

3.关于《进一步加快全区人民防空工程平战转换应急准备工作》的通知，广西壮族自治区人民防空办公室等，2007年12月29日实施

4.《广西壮族自治区人民防空工程建设与维护管理办法》（广西壮族自治区人民政府令第86号），2013年4月1日实施

5.2013年《人民防空工程预算定额》定额人工费、定额材料费、定额机械费调整系数，广西壮族自治区人民防空办公室，2018年7月23日实施

6.南宁市《应建防空地下室的新建民用建筑项目审批》（一次性告知），南宁市行政审批局、南宁市财政局，2018年8月1日实施

7.《广西壮族自治区结合民用建筑修建防空地下室面积计算规则（试行）》（桂防通〔2019〕38号），广西壮族自治区人民防空和边海防办公室等，2019年4月30日实施

8.《关于规范防空地下室建设 优化营商环境 助推产业发展的实施意见》（桂防规〔2020〕1号），广西壮族自治区人民防空和边海防办公室，2020年1月15日实施

9.《广西壮族自治区结合民用建筑修建防空地下室审批管理办法（试行）》（桂防规〔2020〕2号），广西壮族自治区人民防空和边海防办公室，2020年4月3日施行

10.广西壮族自治区人民防空和边海防办公室关于印发《广西壮族自治区人防工程建设程序管理办法（试行）》的通知（桂防通〔2020〕35号），广西壮族自治区人民防空和边海防办公室，2020年4月8日实施

11.关于印发《广西壮族自治区人民防空工程设计资质管理实施细则（试行）》的通知（桂防规〔2020〕4号），广西壮族自治区人民防空和边海防办公室，2020年4月30日实施

12. 关于印发《广西壮族自治区人民防空工程质量监督管理实施细则（试行）》的通知（桂防规〔2020〕6号），广西壮族自治区人民防空和边海防办公室，2020年4月23日施行

13.《广西壮族自治区人防工程防护（防化）设备质量管理实施细则（试行）》的通知（桂防规〔2020〕7号），广西壮族自治区人民防空和边海防办公室，2020年4月23日实施

重庆市人防工程资料目录
（张旭整理）

1.《重庆市人民防空条例》，1998年12月26日重庆市第一届人民代表大会常务委员会第十三次会议通过，2005年7月29日重庆市第二届人民代表大会常务委员会第十八次会议第一次修正，2010年7月23日重庆市第三届人民代表大会常务委员会第十八次会议第二次修正

2.《关于新建人防工程增配部分通风设备设施减少平战转换量的通知》（渝防办发〔2018〕162号），重庆市人民防空办公室，2018年10月18日发布实施

3.《重庆市城市综合管廊人民防空设计导则》，重庆市人民防空办公室、重庆市住房和城乡建设委员会，2019年4月1日发布实施

4.《关于结合民用建筑修建防空地下室简化面积计算及局部调整分类区域范围的通知》（渝防办发〔2019〕126号），重庆市人民防空办公室，2020年1月1日发布实施

辽宁省人防工程资料目录
（刘健新整理）

1.《大连市人民防空管理规定》，2010年12月1日市政府令第112号修改，大连市人民政府，2002年10月1日实施

2.《沈阳市民防管理规定（2003年）》（沈阳市人民政府令第28号），沈阳市人民政府，2004年2月1日实施

3.《辽宁省人民防空工程建设监理实施细则》（辽人防发〔2009〕3号），辽宁省人民防空办公室，2009年4月1日实施

4.《辽宁省人民防空工程防护、防化设备管理实施细则》（辽人防发〔2010〕11号），辽宁省人民防空办公室，2010年3月30日实施

5.《人民防空工程标识》DB21/T 3199—2019，辽宁省市场监督管理局，2020年1月20日实施

6.《沈阳市人防工程国有资产管理规定》（沈人防发〔2020〕10号），沈阳市人

民防空办公室，2020 年 7 月 2 日实施

7.《关于人防工程设计企业从业资质有关事项的通知》（辽人防发〔2021〕1 号），辽宁省人民防空办公室，2021 年 10 月 29 日实施

浙江省人防工程资料目录

（张芝霞整理）

一、设计

（一）标准规范

1.《控制性详细规划人民防空设施配置标准》DB33/T 1079—2018

2.《建筑工程建筑面积计算和竣工综合测量技术规程》DB33/T 1152—2018

3.《早期坑道地道式人防工程结构安全性评估规程》DB33/T 1172—2019

4.《人民防空疏散基地标志设置技术规程》DB33/T 1173—2019

5.《人民防空固定式警报设施建设管理规范》DB33/T 2207—2019

6.《人民防空专业队工程设计规范》DB33/T 1227—2020

7.《人防门安装技术规程》DB33/T 1231—2020

8.《人民防空工程维护管理规范》DB3301/T 0344—2021

（二）政策法规

1. 浙江省人民防空办公室（民防局）关于学习贯彻《浙江省人民政府关于加快城市地下空间开发利用的若干意见》的通知（浙人防办〔2011〕35 号）

2.《浙江省人民防空办公室关于统一全省人防工程标识设置的通知》（浙人防办〔2012〕73 号），浙江省人民防空办公室，2012 年 6 月 8 日颁布

3.《浙江省人民防空办公室等关于加强地下空间开发利用工程兼顾人防需要建设管理的通知》（浙人防办〔2012〕81 号），浙江省人民防空办公室，2013 年 4 月 19 日颁布

4. 浙江省人民防空办公室关于印发《浙江省人民防空工程防护功能平战转换管理规定（试行）》的通知（浙人防办〔2022〕6 号），浙江省人民防空办公室，2022 年 5 月 1 日起试行

5.《浙江省防空地下室管理办法》（浙江省人民政府令第 344 号），浙江省人民政府第 63 次常务会议审议，2016 年 6 月 1 日起施行

6.《关于防空地下室结建标准适用的通知》（浙人防办〔2018〕46 号），浙江省人民防空办公室，2018 年 11 月 29 日颁布

7.《关于要求明确重点镇人防结建政策适用标准的请示》（浙人防办〔2019〕6 号），浙江省人民防空办公室，2019 年 1 月 31 日颁布

8. 关于印发《结合民用建筑修建防空地下室审批工作指导意见》的通知（浙人防办〔2019〕23 号），浙江省人民防空办公室，2019 年 12 月 30 日颁布

9. 浙江省人民防空办公室关于印发《浙江省结合民用建筑修建防空地下室审

批管理规定（试行）》的通知（浙人防办〔2020〕31 号），浙江省人民防空办公室，2020 年 12 月 21 日颁布

10.《浙江省实施〈中华人民共和国人民防空法〉办法》（第四次修订），浙江省第十三届人民代表大会常务委员会第二十五次会议通过，2020 年 11 月 27 日起执行

（三）技术文件

1.《单建掘开式地下空间开发利用工程兼顾人防需要设计导则（试行）》，浙江省住房和城乡建设厅，浙江省人民防空办公室，2011 年 11 月

2.《浙江省城市地下综合管廊工程兼顾人防需要设计导则》，浙江省住房和城乡建设厅，浙江省人民防空办公室，2017 年 9 月

3.《浙江省人民防空专项规划编制导则（试行）》（浙人防办〔2020〕11 号），浙江省人民防空办公室，2020 年 4 月 30 日实施

4.《规划管理单元控制性详细规划（人防专篇）》示范文本，浙江省人民防空办公室，2020 年 6 月 23 日实施

5.《浙江省人防疏散基地（地域）建设标准（征求意见稿）》，浙江省人民防空办公室，2020 年 7 月 8 日发布

6.《浙江省人防疏散基地（地域）管理规定（征求意见稿）》，浙江省人民防空办公室，2020 年 7 月 8 日发布

7.《浙江省防空地下室维护管理操作规程（试行）》，浙江省人民防空办公室，2020 年 7 月 20 日发布

8.《防空地下室维护管理操作手册》，浙江省人民防空办公室，2020 年 7 月 20 日发布

二、施工与验收

1. 关于印发《浙江省人民防空工程竣工验收备案管理办法》的通知（浙人防办〔2009〕61 号），浙江省人民防空办公室，2009 年 8 月 7 日发布

2. 关于印发《浙江省人民防空工程质量监督管理办法》的通知（浙人防办〔2017〕4 号），浙江省人民防空办公室，2017 年 1 月 20 日发布

三、产品

1.《关于人防工程防护设备产品实施公开招标的通知》（浙人防办〔2012〕51 号），浙江省人民防空办公室，2012 年 3 月 21 日发布

2. 关于印发《浙江省人民防空工程防护设备质量检测管理实施办法》的通知（浙人防办〔2013〕39 号），浙江省人民防空办公室，2013 年 8 月 15 日发布

3. 关于印发《浙江省人防工程和其他人防防护设施监理管理办法》的通知（浙人防办〔2014〕4 号），浙江省人民防空办公室，2014 年 1 月 20 日发布

4. 关于印发《浙江省人民防空工程防护设备质量检测管理细则（试行）》的通知（浙人防办〔2015〕9 号），浙江省人民防空办公室，2015 年 2 月 11 日发布

5. 关于征求《浙江省人防行业信用监督管理办法（试行）》意见与建议的公告，浙江

省人民防空办公室，2020 年 8 月 10 日发布

四、造价定额

关于印发《浙江省人防建设项目竣工决算审计管理办法》的通知，浙江省人民防空办公室，2017 年 4 月 26 日发布

五、维护管理

1.关于下发《浙江省人防工程使用和维护管理责任书（试行）》示范文本的通知，浙江省人民防空办公室，2016 年 9 月 29 日发布

2.《浙江省人民防空办公室关于人民防空工程平时使用和维护管理登记有关事项的批复》（浙人防函〔2016〕65 号），浙江省人民防空办公室，2016 年 12 月 30 日颁布

六、其他

1.关于印发《疏散（避难）基地建设试行意见》的通知（浙民防〔2005〕7 号），浙江省人民防空办公室，2005 年 9 月 30 日颁布

2.关于印发《浙江省人民防空工程防护功能平战转换技术措施》的通知（浙人防办〔2005〕162 号），浙江省人民防空办公室，2005 年 12 月 14 日颁布

3.《浙江省民防局关于人口疏散场所建设的意见（试行）》（浙民防〔2008〕12 号），浙江省人民防空办公室，2008 年 10 月 20 日颁布

4.关于印发《浙江省民防应急疏散场所标志》的通知（浙民防〔2008〕16 号），浙江省人民防空办公室，2008 年 12 月 4 日发布

5.关于印发《浙江省城镇人民防空专项规划编制管理办法》的通知（浙人防办〔2009〕50 号），浙江省人民防空办公室，2009 年 6 月 17 日发布

6.《浙江省民防局浙江省民政厅关于进一步推进应急避灾疏散场所建设的意见》（浙民防〔2010〕4 号），浙江省人民防空办公室，2010 年 5 月 21 日发布

7.《浙江省人民防空办公室关于大力推进人防建设与城市地下空间开发利用融合发展的意见》（浙人防办〔2012〕85 号），浙江省人民防空办公室，2012 年 8 月 3 日起实施

8.《关于地下空间开发利用兼顾人防需要与结建人防相关事宜的批复》，浙江省人民防空办公室，2014 年 5 月 4 日发布

9.《浙江省物价局、浙江省财政厅、浙江省人民防空办公室防空办公室关于规范和调整人防工程易地建设费的通知》（浙价费〔2016〕211 号），浙江省物价局、浙江省财政厅、浙江省人民防空办公室，2017 年 1 月 1 日起实施

10.《关于进一步推进人民防空规划融入城市规划的实施意见》（浙人防办〔2017〕42 号），浙江省人民防空办公室，2017 年 9 月 29 日起实施

11.《关于防空地下室结建标准适用的通知》（浙人防办〔2018〕46 号），浙江省人民防空办公室，2019 年 1 月 1 日起实施

12.《浙江省人民防空办公室关于公布行政规范性文件清理结果的通知》（浙人防办〔2020〕15 号），浙江省人民防空办公室，2020 年 6 月 4 日发布

山东省人防工程资料目录

（张春光整理）

一、设计

（一）标准规范

《人民防空工程平战转换技术规范》DB37/T 3470—2018，山东省人民防空办公室、山东省市场监督管理局，2019年1月29日起实施

（二）政策法规

1.《山东省人民防空工程建设领域企业信用"红黑名单"管理办法》（鲁防发〔2018〕8号），山东省人民防空办公室，2018年11月1日起施行

2.《〈人防工程和其他人防防护设施设计乙级资质行政许可〉告知承诺办法》（鲁防发〔2018〕12号）山东省人民防空办公室，2019年1月1日起施行

3.《关于规范新建人防工程冠名的通知》（鲁防发〔2019〕5号），山东省人民防空办公室，2019年2月1日起实施

4.《关于规范人民防空工程设计参数和技术要求的通知》（鲁防发〔2019〕7号），山东省人民防空办公室，2019年6月16日起实施

5.《山东省人民防空工程管理办法》（省政府令第332号），山东省政府，2020年3月1日起施行

（三）技术文件

《山东省防空地下室工程面积计算规则》（鲁防发〔2020〕5号），山东省人民防空办公室，2021年1月3日起实施

二、施工与验收

1.《关于加强人防工程防化设备生产安装管理的通知》（鲁防发〔2017〕3号），山东省人民防空办公室，2017年7月1日起实施

2.《山东省人民防空工程和其他人防防护设施建设监理实施细则》（鲁防发〔2017〕13号），山东省人民防空办公室，2017年12月1日起施行

3.《山东省人民防空工程质量监督档案管理办法》（鲁防发〔2017〕15号），山东省人民防空办公室，2017年12月1日起施行

4.《关于规范防空地下室制式标牌的通知》（鲁防发〔2017〕10号），山东省人民防空办公室，2018年1月1日起实施

5.《山东省人民防空工程质量监督管理办法》（鲁防发〔2018〕9号），山东省人民防空办公室，2018年12月16日起施行

6.《〈人防工程和其他人防防护设施监理乙级资质行政许可〉告知承诺办法》（鲁防发〔2018〕11号），山东省人民防空办公室，2019年1月1日起施行

7.《〈人防工程和其他人防防护设施监理丙级资质行政许可〉告知承诺办法》（鲁防发〔2018〕13号），山东省人民防空办公室，2019年1月1日起施行

8.《山东省单建人防工程施工安全监督管理办法》（鲁防发〔2020〕2号），山东省人民防空办公室，自2015年11月15日起施行

9.《山东省人民防空工程竣工验收备案管理办法》（鲁防发〔2020〕7号），山东省人民防空办公室，2021年2月1日起实施

10.关于规范《人防工程开工报告》有关问题的通知（鲁防发〔2020〕8号），山东省人民防空办公室，2021年2月1日起实施

三、造价定额

1.《山东省人防工程费用项目组成及计算规则（2020）》（鲁防发〔2020〕3号），山东省人民防空办公室，2020年12月1日起施行

2.《山东省人民防空工程建设造价管理办法》（鲁防发〔2020〕4号），山东省人民防空办公室，2020年12月1日起施行

四、维护管理

1.《山东省人民防空工程维护管理办法》（鲁防发〔2017〕5号），山东省人民防空办公室，2017年9月1日起施行

2.《山东省人民防空工程质量监督档案管理办法》（鲁防发〔2017〕15号），山东省人民防空办公室，2017年12月1日起施行

3.《关于实行制式人防工程平时使用证管理有关问题的通知》（鲁防发〔2017〕16号），山东省人民防空办公室，2017年12月1日起施行

4.《山东省人民防空工程建设档案管理规定》（鲁防发〔2020〕6号），山东省人民防空办公室，2019年2月1日起施行

5.《山东省人民防空办公室关于加强重要经济目标防护管理的意见》（鲁防发〔2021〕1号），山东省人民防空办公室，2021年2月1日起施行

6.《山东省单建人民防空工程安全生产事故隐患排查治理办法》（鲁防发〔2019〕2号），山东省人民防空办公室，2021年2月1日起施行

五、其他

1.《关于规范单建人防工程审批事项的通知》（鲁防发〔2017〕11号），山东省人民防空办公室，2017年12月1日起实施

2.《关于规范人民防空行政许可事项报送的通知》（鲁防发〔2017〕14号），山东省人民防空办公室，2017年12月1日起实施

3.《关于调整人民防空建设项目审批权限的通知》（鲁防发〔2018〕3号），山东省人民防空办公室，2018年5月1日起实施

4.《关于规范人民防空其他权力事项报送的通知》（鲁防发〔2018〕4号），山东省人民防空办公室，2018年5月1日起实施

5.《关于进一步加强学校防空防灾知识教育工作的意见》（鲁防发〔2018〕7号），山东省人民防空办公室，2018年7月1日起实施

6.《山东省人民防空行政处罚裁量基准》（鲁防发〔2018〕10号），山东省人民防空办公室，2019年1月1日起实施

7.《关于规范防空地下室易地建设审批条件的意见》(鲁防发〔2019〕4号),山东省人民防空办公室,2019年2月1日起实施

8.《关于人防工程设计、监理企业发生重组、合并、分立等情况资质核定有关问题的通知》(鲁防发〔2019〕8号),山东省人民防空办公室,2019年10月11日起实施

9.《关于加强人民防空教育工作的通知》(鲁防发〔2019〕9号),山东省人民防空办公室,2020年1月19日起实施

10.《关于在青少年校外活动场所增加防空防灾技能训练内容的通知》(鲁防发〔2019〕10号),山东省人民防空办公室,2020年1月19日起实施

六、济南市人防工程资料

1.《济南市人民防空办公室关于进一步加强已建人防工程管理工作的通知》(济防办发〔2017〕3号),济南市人民防空办公室,2017年2月13日起实施

2.《关于进一步规范我市拆除人防工程设施审批工作的通知》(济防办发〔2017〕4号),济南市人民防空办公室,2017年2月13日起实施

3.《关于规范人民防空工程悬挂标志牌、指示牌、标识牌的通知》(济防办发〔2017〕5号),济南市人民防空办公室,2017年2月13日起实施

4.《济南市人民防空办公室关于加强人防工程设计审批工作的意见》(济防办发〔2018〕78号),济南市人民防空办公室,2018年10月1日起施行

5.《济南市人防工程建设领域从业单位监督管理办法》(济防办发〔2018〕97号),济南市人民防空办公室,2019年1月1日起实施

6.《济南市人民防空工程人防门安装技术导则》(试行)(济人防工〔2020〕10号),济南市人民防空办公室,2020年7月13日公布

7.关于修改《济南市人民政府关于加强防空警报设施管理工作的通告》的决定(济南市人民政府令第274号),济南市人民政府,2021年1月27日起施行

8.《关于进一步优化房屋建筑工程施工许可办理营商环境的通知》(济建发〔2021〕33号),济南市住房和城乡建设局、济南市人民防空办公室、济南市行政审批服务局,2021年6月29日起实施

贵州省人防工程资料目录
(包万明整理)

1.《省人民政府办公厅关于印发贵州省人民防空工程建设管理办法的通知》(黔府办发〔2020〕38号),贵州省人民政府办公厅,2020年12月30日起施行

2.《贵州省人民防空工程建设审批手册》,贵州省人民防空办公室,2019年10月

3.《关于贵州省防空地下室建设标准和易地建设费征收管理的通知》(黔人防通〔2015〕19号),贵州省人民防空办公室等单位,2015年5月29日起施行

4.《省人民防空办公室关于开展人防工程建设防化设备安装工作的通知》(黔人防通〔2018〕44号),贵州省人民防空办公室,2018年12月13日起施行

5.《省人民防空办公室关于转发工程建设项目审批制度改革有关配套文件的通知》（黔人防通〔2019〕37 号），贵州省人民防空办公室，2019 年 9 月 30 日起施行

6.《贵州省人民防空办公室关于更新〈贵州省常用人防设备产品信息价〉的通知》（黔人防通〔2020〕65 号），贵州省人民防空办公室，2021 年 1 月 1 日起施行

7.《省人民防空办公室关于对防空地下室建筑面积有关事宜的通知》（黔人防通〔2020〕18 号），贵州省人民防空办公室，2020 年 3 月 26 日起施行

8.《贵州省人民防空办公室关于规范防空地下室易地建设审批的通知》（黔人防通〔2020〕21 号），贵州省人民防空办公室，2020 年 4 月 20 日起施行

9.《贵州省人民防空办公室关于加强全省人民防空工程标识标牌设置工作的通知》（黔人防通〔2021〕4 号），贵州省人民防空办公室，2021 年 3 月 1 日起施行

四川省人防工程资料目录
（赵建辉整理）

1.《关于规范勘察设计项目成果报送电子文档命名及格式要求的通知》（川建勘设科发〔2017〕91 号），四川省住房和城乡建设厅，2017 年 2 月 10 日起实施

2.《关于调整我省防空地下室易地建设费标准的通知》（川发改价格〔2019〕358 号），川省发展和改革委员会、四川省财政厅、四川省人民防空办公室，2019 年 9 月 1 日起实施

3.《四川省人民防空办公室关于明确物流项目修建防空地下室范围的通知》（川人防办〔2020〕75 号），四川省人民防空办公室，2020 年 11 月 16 日起实施

4.关于印发《成都市人防工程设计方案总平图编制规定》的通知（成防办发〔2019〕10 号），成都市人民防空办公室，2019 年 3 月 6 日起实施

5.关于印发《成都市人民防空工程平战转换规定》的通知（成防办〔2019〕59 号），成都市人民防空办公室，2019 年 11 月 28 日起实施

6.关于印发《成都市防空地下室应建面积计算标准》的通知（成防办发〔2020〕19 号），成都市人民防空办公室，2020 年 9 月 21 日起实施

7.关于印发《成都市防空地下室易地建设费征收管理办法》的通知（成防办发〔2020〕18 号），成都市人民防空办公室，2020 年 9 月 30 日起实施

8.《关于医院建设项目中人防医疗救护工程设置类别审批要求的通知》（成防办函〔2021〕24 号），成都市人民防空办公室，2021 年 4 月 13 日起实施

9.《成都市人民防空地下室设计标准》DBJ51/T 159—2021

云南省人防工程资料目录
（王永权整理）

1.云南省实施《中华人民共和国人民防空法》办法，1998 年 9 月 25 日云南省第

九届人民代表大会常务委员会第五次会议通过，1998 年 9 月 25 日云南省第九届人民代表大会常务委员会公告第 5 号公布

2.《云南省人民防空建设资金管理办法》，云南省人民防空办公室，2002 年 1 月 1 日起施行

3.《云南省人民防空行政执法规定》，云南省人民防空办公室，2006 年 8 月 15 日起施行

4.《云南省人民防空工程平战功能转换管理办法》，云南省人民防空办公室，2012 年 4 月 1 日起施行

5.《关于调整我省防空地下室易地建设收费有关问题的通知》（云价综合〔2014〕42 号），云南省物价局、云南省财政厅、云南省人民防空办公室，2014 年 3 月 7 日起执行

6.《云南省人民防空办公室关于落实人防工程平战转换有关规定的通知》（云防办工〔2017〕28 号），云南省人民防空办公室，2017 年 8 月 1 日起实施

7.《昆明市人民防空工程建设管理规定》（昆明市人民政府公告第 48 号），昆明市人民政府，2009 年 9 月 7 日起施行

8.《昆明市公共地下空间平战结合人防工程建设管理办法》（昆政发〔2012〕96 号），昆明市人民政府，2012 年 12 月 10 日起施行

9.《昆明市人防机动指挥通信系统平时使用管理办法》（昆政办〔2013〕105 号），昆明市人民政府，2013 年 10 月 30 日起施行

10. 关于印发《昆明市人民防空地下室质量检测技术指南（试行）》的通知（昆人防〔2019〕26 号），昆明市人民防空办公室，2019 年 9 月 27 日起实施

11. 关于印发《昆明市防空地下室施工图审查技术指引（试行）》的通知（昆人防〔2019〕32 号），昆明市人民防空办公室，2019 年 12 月 12 日起实施

12.《关于承接昆明市中心城区人防工程建设行政审批监管服务事项的函》（昆人防函〔2020〕419 号），昆明市人民防空办公室，2021 年 1 月 1 日起实施

新疆维吾尔自治区人防工程资料目录
（沈菲菲整理）

一、设计、政策法规

1.《新疆维吾尔自治区人民防空工程平战转换技术规定（试行）》（新人防规〔2020〕2 号），新疆维吾尔自治区人民防空办公室，2021 年 1 月 1 日起施行

2.《新疆维吾尔自治区人民防空工程建设行政审批管理规定（试行）》（新人防规〔2020〕1 号），新疆维吾尔自治区人民防空办公室，2021 年 1 月 1 日起施行

3.《新疆维吾尔自治区城市防空地下室易地建设收费办法》（新发改规〔2021〕10 号），新疆维吾尔自治区发展和改革委员会、新疆维吾尔自治区财政厅、新疆维吾尔自治区住房和城乡建设厅、新疆维吾尔自治区人民防空办公室，2021 年 8 月 30 日起施行

二、施工与验收

1.《新疆维吾尔自治区人民防空工程人防标牌制作悬挂技术规定》，新疆维吾尔自治区人民防空办公室，2019 年 5 月 29 日发布

2.《新疆维吾尔自治区人民防空工程竣工验收备案管理规定（试行）》，新疆维吾尔自治区人民防空办公室，2019 年 5 月 29 日起施行

三、维护管理

1.《新疆维吾尔自治区人民防空重点城市警报通信设施建设管理规定（试行）》（新政发〔2003〕58 号），新疆维吾尔自治区人民政府、新疆军区，2003 年 7 月 25 日起施行

2.《新疆维吾尔自治区人民防空警报试鸣暂行规定》（新政发〔2005〕38 号），新疆维吾尔自治区人民政府，2005 年 6 月 1 日起施行

3.《关于落实人防工程防化设备质量监管的通知》，新疆维吾尔自治区人民防空办公室，2017 年 7 月 1 日起施行

4.《新疆维吾尔自治区人防专家库管理办法（暂行）》，新疆维吾尔自治区人民防空办公室，2019 年 5 月 29 日起施行

5.《新疆维吾尔自治区人民防空工程质量监督管理规定（试行）》（新人防规〔2020〕5 号），新疆维吾尔自治区人民防空办公室，2021 年 1 月 1 日起施行

四、其他

1.《新疆维吾尔自治区"人防工程 遗留问题"处理程序的意见》，新疆维吾尔自治区人民防空办公室，2017 年 3 月 13 日起施行

2.《自治区人民防空办公室"双随机一公开"工作实施细则（试行）》，新疆维吾尔自治区人民防空办公室，2018 年 11 月 5 日起施行

3.《关于自治区房屋建筑和市政基础设施工程施工图审查机构开展人防工程施工图审查有关问题的通知》，新疆维吾尔自治区人民防空办公室、新疆维吾尔自治区住房和城乡建设厅，2019 年 12 月 5 日起施行

吉林省人防工程资料目录
（刘健新整理）

1.《吉林省人民防空地下室防护（化）功能平战转换技术规程》，吉林省人民防空办公室，2016 年 10 月 20 日起实施

2.《吉林省玄武岩纤维防护设备选用图集》RFJ 01—2017（吉防办发〔2017〕92 号），吉林省人民防空办公室，2017 年 6 月 12 日起实施

3.《吉林省人防工程质量检测管理办法》，吉林省人民防空办公室，2017 年 8 月 11 日起实施

4.《吉林省附建式地下空间开发利用兼顾人防要求工程设计导则》，吉林省人民防空办公室，2018 年 6 月起实施

陕西省人防工程资料目录

（韩刚刚整理）

一、设计

（一）标准规范

1.《早期人民防空工程分类鉴定规范》DB 61/T 1019—2016

2.《城市地下空间兼顾人民防空工程设计规范》DB 61/T 1229—2019

3.《人民防空工程标识标准》DB 61/T 5006—2021

4.《人民防空工程防护设备安装技术规程》DB 61/T 1230—2019

（二）政策法规

1.《陕西省实施〈中华人民共和国人民防空法〉办法》，1998年6月26日陕西省第九届人民代表大会常务委员会第三次会议通过，2002年3月28日第一次修正，2003年11月29日第二次修正

2.《关于人防工程易地建设费收费标准的补充通知》（陕价费调发〔2004〕19号），陕西省物价局财政厅，2004年6月16日起实施

3.《关于重新核定人防工程易地建设费收费标准的通知》（陕价费调发〔2004〕12号），陕西省物价局价格监测监督处，2004年12月21日起实施

4.《陕西省人民防空办公室关于明确新建民用建筑修建防空地下室范围的通知》（陕人防发〔2021〕95号），陕西省人民防空办公室，2022年1月1日起实施

5.《陕西省人民防空办公室关于规范防空地下室易地建设费执行减免政策的通知》（陕人防发〔2020〕126号），陕西省人民防空办公室，2020年11月9日起实施

二、施工与验收

《陕西省开展房屋建筑和市政基础设施工程建设项目竣工联合竣工验收的实施方案（试行）》（陕建发〔2018〕400号），陕西省住房和城乡建设厅、陕西省发展和改革委员会、陕西省国家安全厅、陕西省自然资源厅、陕西省广播电视局、陕西省人民防空办公室，2018年11月26日发布

三、产品

1.《关于公示人防工程防护设备定点生产和安装企业目录的通告》，陕西省人民防空办公室，2021年11月4日发布

2.《陕西省人防专用设备生产安装企业、检测机构质量行为监督管理措施》，陕西省人民防空办公室，2021年9月16日发布

3.《关于人防工程防护设备定点生产和安装企业入陕登记的通告》，陕西省人民防空办公室，2021年9月22日发布

四、造价定额

《陕西省人防工程标准定额站关于发布2014年陕西省人防工程防护设备质量检测信息价的通知》（陕防定字〔2014〕05号），陕西省人民防空工程标准定额站，2014年10月25日起实施

五、维护管理

《陕西省人防平战结合工程防火安全管理规定》，陕西省人民防空办公室，2016年3月22日发布

六、其他

1.《关于进一步加强西安市城市地下空间规划建设管理工作的实施意见》（市政办发〔2018〕2号），西安市人民政府办公厅，2018年1月10日起实施

2.西安市人民防空办公室关于贯彻落实《关于规范人防工程防护设备检测机构资质认定工作的通知》的通知，西安市人民防空办公室，2018年7月18日起实施

3.《西安市"结建"人防工程建设审批管理规定》（市人防发〔2018〕42号），西安市人民防空办公室，2018年10月1日起实施

4.《关于认定施工图综合审查机构的通知》（陕建发〔2018〕242号），陕西省住房和城乡建设厅、陕西省公安消防总队、陕西省人民防空办公室，2018年8月10日起实施

5.《西安市人民防空办公室关于西安市人防结建审批执行埋深3米条件等有关问题的通知》（市人防发〔2020〕26号），西安市人民防空办公室，2020年5月20日起实施

甘肃省人防工程资料目录
（王辉平整理）

1.《甘肃省物价局 甘肃省财政厅 甘肃省人防办 甘肃省建设厅关于〈甘肃省防空地下室易地建设费收费实施办法〉的补充通知》（甘价服务〔2004〕第181号），甘肃省人民防空办公室，2004年6月28日起实施

2.《对人防工程防护设备定点生产企业管理规定的解读》，甘肃省人民防空办公室，2012年1月17日发布

3.《甘肃省人民防空行政处罚自由裁量权实施标准》（甘人防办发〔2015〕208号），甘肃省人民防空办公室，2015年12月4日起实施

4.《甘肃省人民防空工程平战结合管理规定》，甘肃省人民防空办公室，2020年1月10日发布施行

5.《甘肃省人民防空办公室关于进一步加强人防工程建设与管理的规定》（甘人防办发〔2020〕69号），甘肃省人民防空办公室，2020年10月1日起实施

6.关于修订印发《甘肃省人防工程监理行政许可资质管理办法》的通知（甘人防办发〔2020〕93号），甘肃省人民防空办公室，2020年11月11日发布

广东省人防工程资料目录
（胡明智整理）

1.《广东省实施〈中华人民共和国人民防空法〉办法》，1998年7月29日广

东省第九届人民代表大会常务委员会公告第 12 号公布，1998 年 8 月 13 日起施行，2010 年 7 月 23 日修正

2.《广东省人民防空警报通信建设与管理规定》（粤府令第 82 号），广东省人民政府，2003 年 10 月 1 日起施行

3.《高校学生公寓和教师住宅建设项目缴纳人防工程建设费问题》（粤人防〔2004〕73 号），广东省人民防空办公室，2004 年 4 月 5 日

4.《关于明确新建民用建筑修建防空地下室标准的通知》（粤人防〔2010〕23 号），广东省人民防空办公室、广东省发展和改革委员会、广东省物价局、广东省财政厅、广东省住房和城乡建设厅，2010 年 1 月 26 日起实施

5.《关于开展人防工程挂牌管理工作的通知》（粤人防〔2010〕289 号），广东省人民防空办公室

6.《广东省人防工程防洪涝技术标准》（粤人防〔2010〕290 号），广东省人民防空办公室，2010 年 11 月 10 日起实施

7.《关于加强人防工程施工管理的意见》（粤人防〔2012〕105 号），广东省人民防空办公室

8.《广州市人民防空管理规定》，2013 年 8 月 28 日广州市第十四届人民代表大会常务委员会第二十次会议通过，2013 年 11 月 21 日广东省第十二届人民代表大会常务委员会第五次会议批准，2014 年 2 月 1 日起施行

9.《转发国家发改委等四部门关于防空地下室易地建设收费有关问题的通知》（粤人防〔2017〕117 号），广东省人民防空办公室，2017 年 6 月 2 日发布

10.《广东省单建式人防工程平时使用安全管理规定》的通知（粤人防〔2017〕177 号），广东省人民防空办公室，2017 年 8 月 4 日发布

11.《广东省人民防空办公室关于加强人防工程监理监督管理工作的意见》，广东省人民防空办公室，2018 年 3 月 3 日起实施

12.《广东省人防工程维护管理暂行规定》，广东省人民防空办公室，2018 年 10 月 10 日

13.《关于规范结建式人防工程质量安全监督竣工验收备案工作的通知》（粤建质函〔2019〕1255 号），广东省住房和城乡建设厅，2019 年 12 月 2 日发布

14.《广东省人民防空办公室关于人民防空系统行政处罚自由裁量权实施办法》（粤人防〔2017〕127 号），广东省人民防空办公室，2020 年 2 月 26 日起实施

15.《广东省人民防空办公室关于征求规范城市新建民用建筑修建防空地下室意见的公告》（粤人防办〔2020〕72 号），广东省人民防空办公室，2020 年 6 月 19 日发布

16.《关于征求结建式人防工程质量监督工作指引（征求意见稿）意见的公告》（粤建公告〔2020〕62 号），广东省住房和城乡建设厅，2020 年 9 月 27 日发布

17.关于印发《结建式人防工程质量监督工作指引》的通知（粤建质〔2021〕146 号），广东省住房和城乡建设厅、广东省人民防空办公室，2021 年 9 月 14 日发布

18.《广州市地下综合管廊人民防空设计指引》，广州市民防办公室、广州市住房和城乡建设委员会，2017 年 5 月发布

19.《广州市住房和城乡建设局 广州市人民防空办公室关于人防工程设置标志牌的通知》（穗建规字〔2021〕9 号），广州市住房和城乡建设局、广州市人民防空办公室，2021 年 9 月 2 日发布

20. 佛山市人民防空办公室关于印发《防空地下室施工图设计文件审查技术指引（试行）》的通知（佛人防〔2017〕121 号），2017 年 10 月 30 日发布

21.《汕头市人民防空管理办法》，汕头市人民政府办公室，2011 年 2 月 25 日印发

美国防护工程设计标准等资料目录
（陈雷整理）

1.《防核武器设施设计：设施系统工程》（Designing facilities to resist nuclear weapon effects：facilities system engineering），TM 5-858-1，美国陆军部，1983 年 10 月公开

2.《防核武器设施设计：武器效应》（Designing facilities to resist nuclear weapon effects：weapon effects），TM 5-858-2，美国陆军部，1984 年 7 月 6 日公开

3.《防核武器设施设计：结构》（Designing facilities to resist nuclear weapon effects：structures），TM 5-858-3，美国陆军部，1984 年 7 月 6 日公开

4.《防核武器设施设计：隔震系统》（Designing facilities to resist nuclear weapon effects：shock isolation systems），TM 5-858-4，美国陆军部，1984 年 6 月 11 日公开

5.《防核武器设施设计：通风防护，加固，穿透防护，液压波防护设备，电磁脉冲防护设备》（Designing facilities to resist nuclear weapon effects：air entrainment，fasteners，penetration protection，hydraulic-surge protective devices，EMP protective devices），TM 5-858-5，美国陆军部，1983 年 12 月 15 日公开（EMP，the electromagnetic pulse 的简写）

6.《防核武器设施设计：硬度验证》（Designing facilities to resist nuclear weapon effects： hardness verification），TM 5-858-6，美国陆军部，1984 年 8 月 31 日公开

7.《防核武器设施设计：设施支持系统》（Designing facilities to resist nuclear weapon effects：facility support systems），TM 5-858-7，美国陆军部，1983 年 10 月 15 日公开

8.《防核武器设施设计：说明性示例》（Designing facilities to resist nuclear weapon effects：illustrative examples），TM 5-858-8，美国陆军部，1985 年 8 月 14 日公开

9.《设施系统工程：防核武器设施设计》（Facilities system engineering：designing facilities to resist nuclear weapon effects），UFC 3-350-10AN，美国国防部，2009 年 4 月 8 日修订，取代：TM 5-858-1

10.《武器效应：防核武器设施设计》（Weapons effects：designing facilities to resist nuclear weapon effects），UFC 3-350-03AN，美国国防部，2009 年 4 月 8 日修订，取代：TM 5-858-2

11.《结构：防核武器设施设计》（Structures：designing facilities to resist nuclear weapon effects），UFC 3-350-04AN，美国国防部，2009 年 4 月 8 日修订，取代：TM 5-858-3

12.《隔震系统：防核武器设施设计》（Shock isolation systems：designing facilities to resist nuclear weapon effects），UFC 3-350-05AN，美国国防部，2009 年 4 月 8 日修订，取代：TM 5-858-4

13.《通风防护，加固，穿透防护，液压波防护设备，电磁脉冲防护设备：防核武器设施设计》（Air entrainment，fasteners，penetration protection，hydraulic-surge protection devices，and EMP protective devices：designing facilities to resist nuclear weapon effects），UFC 3-350-06AN，美国国防部，2009 年 4 月 8 日修订，取代 TM 5-858-5

14.《硬度验证：防核武器设施设计》（Hardness verification：designing facilities to resist nuclear weapon effects），UFC 3-350-07AN，美国国防部，2009 年 4 月 8 日修订，取代：TM 5-858-6

15.《设施支持系统：防核武器设施设计》（Facility support systems：Designing facilities to resist nuclear weapon effects），UFC 3-350-08AN，美国国防部，2009 年 4 月 8 日修订，取代：TM 5-858-7

16.《说明性示例：防核武器设施设计》（Illustrative examples：designing facilities to resist nuclear weapon effects），UFC 3-350-09AN，美国国防部，2009 年 4 月 8 日修订，取代：TM 5-858-8

17.《促进核设施退役的总体设计标准》（General design criteria to facilitate the decommissioning of nuclear facilities），TM 5-801-10，美国陆军部，1992 年 4 月 3 日公开

18.《防常规武器防护工程设计与分析》（Design and analysis of hardened structures to conventional weapons effects），UFC 3-340-01，美国国防部，2002 年 6 月 30 日公开

19.《防护工程供热、通风与空调设施标准》（Heating，ventilating and air conditioning of hardened installations）UFC3-410-03FA，美国国防部，1986 年 11 月 29 日编制，2007 年 12 月公开

参考文献

[1] 中华人民共和国建设部.人民防空地下室设计规范：GB 50038—2005[S].北京：中国计划出版社，2005.

[2] 中华人民共和国住房和城乡建设部.人民防空工程设计防火规范：GB 50098—2009[S].北京：中国计划出版社，2009.

[3] 国家人民防空办公室.人民防空工程防化设计规范：RFJ 013—2010[S].北京：中国计划出版社，2010.

[4] 国家人民防空办公室.人民防空医疗救护工程设计标准：RFJ 005—2011[S].北京：中国计划出版社，2010.

[5] 中华人民共和国住房和城乡建设部.城市居住区人民防空工程规划规范：GB 50808—2013[S].北京：中国建筑工业出版社，2013.

[6] 中华人民共和国住房和城乡建设部.汽车库、修车库、停车场设计防火规范：GB 50067—2014[S].北京：中国计划出版社，2014.

[7] 中华人民共和国住房和城乡建设部.地下工程防水技术规范：GB 50108—2008[S].北京：中国计划出版社，2008.

[8] 国家人民防空办公室.轨道交通工程人民防空设计规范 RFJ 02—2009[S].北京：中国计划出版社，2009.

[9] 中国建筑标准设计研究院.人民防空地下室设计规范：图示—建筑专业：05SFJ10[S].北京：中国计划出版社，2008.

[10] 中国建筑标准设计研究院.人民防空地下室设计规范：图示—给水排水专业：05SFS10[S].北京：中国计划出版社，2010.

[11] 中国建筑标准设计研究院.人民防空地下室设计规范：图示—通风专业：05SFK10[S].北京：中国计划出版社，2010.

[12] 中国建筑标准设计研究院.防空地下室建筑设计示例 07FJ01[S].北京：中国计划出版社，2007.

[13] 中国建筑标准设计研究院.防空地下室室外出入口部钢结构装配式防倒塌棚架建筑设计：05SFJ05[S].北京：中国计划出版社，2010.

[14] 中国建筑标准设计研究院.防空地下室建筑构造：07FJ02[S].北京：中国计划出版社，2007.